EDITORA ELEFANTE

elefante
EDITORA

CONSELHO EDITORIAL
Bianca Oliveira
João Peres
Tadeu Breda

EDIÇÃO
Tadeu Breda

REVISÃO
Laura Massunari
Bruna Soares Pinheiro

ILUSTRAÇÃO DA CAPA
Breno Ferreira

PROJETO GRÁFICO
Bianca Oliveira

DIAGRAMAÇÃO
Denise Matsumoto

— CRISE & CRÍTICA —

Capitalismo em quarentena

notas sobre a crise global

ANSELM JAPPE, SANDRINE AUMERCIER,
CLÉMENT HOMS & GABRIEL ZACARIAS

TRADUÇÃO DE **JOÃO GASPAR, PEDRO HENRIQUE RESENDE, PEDRO PEREIRA BARROSO, RACHEL PACH & ROBSON J. F. DE OLIVEIRA**

Os sanguinários sacerdotes
dos astecas eram inofensivos e
amigáveis em comparação com
os burocratas do sacrifício ao
fetiche do capital global no
seu limite interno histórico.
— Robert Kurz, *Dinheiro sem valor*

The future is uncertain and
the end is always near
— The Doors

PREFÁCIO À EDIÇÃO BRASILEIRA

Entre monstros

...mil mortes cada dia nos rodeiam
— Homero, *Ilíada*

A história recente do capitalismo é uma história de crises. Aquela que agora vivemos, e da qual trata este livro, ficará talvez conhecida como a "crise do coronavírus" ou, ainda, pelo epíteto condensado: "coronacrise". Uma crise que, de fato, em muitos aspectos, não teve precedentes. Não apenas pela rapidez com que uma doença foi capaz de se alastrar em escala planetária — anunciando um futuro temerário para a época dos fluxos globais —, mas sobretudo por conta das reações que suscitou. Assistimos a um bloqueio geral da economia mundial e à imposição de medidas de confinamento populacional em quase todo o planeta.

Temendo por sua sobrevivência, o capitalismo global colocou-se em quarentena. Após décadas de um neoliberalismo aparentemente triunfante, vislumbramos o retorno em potência do Estado. Esse retorno foi saudado por muitos. Afinal, haveria prova mais clara do caráter nefasto das políticas neoliberais de cortes dos serviços públicos do que as milhares de mortes que se multiplicaram por conta da precarização dos hospitais e dos aparatos de saúde pública? No Brasil, o ex-presidente Lula causou polêmica ao se referir a "esse monstro chamado coronavírus" como uma benção da natureza que veio para dar de ver aos cegos: "Apenas o Estado é capaz de dar solução a determinadas crises", declarou a um portal de notícias. Um monstro para nos salvar de outro monstro.

O Leviatã ressurge não apenas como o guardião da guerra de todos contra todos, mas como o único capaz de vencer a "guerra" contra o "inimigo invisível" — na expressão preferida do "comandante em chefe" dos Estados Unidos. Chamados à ação, os Estados hesitaram, mas finalmente assumiram seu papel de administradores da crise: tomaram atitudes para salvaguardar a população (aprovando, sem pudores, medidas de exceção) e lançaram mão de todos os seus meios monetários e orçamentários para injetar trilhões na economia, a fim de impedir o grande *crash* dos mercados. Isso, porém, não se deu sem conflitos, e a fricção entre razão sanitária e razão econômica permaneceu constante. Daí que muitos comentadores foram levados a defender apaixonadamente o poder do Estado, único que poderia "salvar vidas", e outros, a criticar o autoritarismo das medidas de controle, nisso se alinhando incautamente aos fanáticos da economia para quem as mortes contam menos do que as perdas da bolsa de valores.

Ambas as posições ignoram o fato de que Estado e economia estão fundados em uma relação de complementaridade hostil, como partes de uma totalidade social que é orientada pela necessidade de reprodução incessante de capital. Esse capital, que encontra sua substância no trabalho abstrato produtor de mercadorias, precisa ainda, para sua própria reprodução, garantir a vida de parte das populações — de onde extrai força a razão sanitária. Mas a parcela de trabalho vivo na produção de mercadorias declina a cada avanço tecnológico, e a vida dos homens e das mulheres tornados supérfluos para a economia vai se tornando cada vez mais descartável.

Que o Estado é parte integrante da sociedade capitalista — e que não será jamais sua função criar as condições de superação dessa forma de sociedade — deveria ser, a essa altura, um fato assente. Mas, para além dessa contradição de princípio, há outra razão pela qual toda aposta na "primazia da política" como via de saída da crise está fadada ao fracasso. Toda intervenção estatal só é possível através do endividamento massivo dos Estados, que, desse modo, vão minando cada vez mais as próprias bases de ação e erodindo sua legitimidade. A falência crescente dos Estados, com o avanço da crise do sistema, faz com que as fronteiras entre legalidade e ilegalidade se esfumem, e que Estado e máfia se tornem indiscerníveis.

No Brasil, esse processo avança a passos largos, sobretudo desde o estouro da bolha das *commodities*, que impulsionara seu último período de "prosperidade econômica". O estouro da bolha varreu o partido de esquerda, que governou cedendo à corrupção, e entronizou a direita, que, além de corrupta, não é apenas militarista, mas, pior, é miliciana. O futuro não é auspicioso. A afirmação de Robert Kurz, de que a crise do capital engendraria uma nova forma de sacrifício das populações, uma espécie de eutanásia burocrática com contornos de anomia, parece já se comprovar no Brasil de Jair Bolsonaro. E a crueldade estúpida de um presidente que perante dezenas de milhares de mortes sabe apenas responder "e daí?" certamente faz parecer amigável qualquer sacerdote sacrificial do passado.

Os acontecimentos atuais só podem ser compreendidos se inserirmos a "crise do vírus" no panorama mais amplo do processo de crise fundamental do capitalismo, sistema que agora se confronta com seus limites históricos, tanto internos (a desvalorização do valor, a redução irreversível da parte do trabalho vivo) quanto externos (o esgotamento dos recursos naturais e a ameaça de colapso ambiental). A tentativa desesperada de uma "fuga adiante" do capital, que por meio do capital fictício busca se salvar apropriando-se da massa de valor futuro (suposta, mas jamais efetiva), não poderá durar para sempre. Os Estados cumprem papel central nesse processo, tendo paulatinamente substituído o setor privado na produção de capital fictício — o que se torna mais evidente nos acessos de crise, como agora.

Não tenhamos ilusões: se os Estados se mobilizam não é para salvar o povo, mas para garantir a sobrevida da economia mundial, cada vez mais ameaçada. A quarentena autoimposta do capitalismo foi, para ele, um mal necessário para continuar existindo. Mas esse remédio amargo pode ter um perigoso efeito colateral, pois aumentou exponencialmente a montanha de dívidas impagáveis que ameaça desabar a qualquer instante. A avalanche nos arrastará, em sua queda abrupta? Ou teremos aprendido algo com o breve *pause* do sujeito automático?

A elaboração do presente livro espelha seu momento: ele é fruto de uma construção coletiva "a distância", envolvendo pessoas confinadas em diferentes cantos do globo, nascido inicialmente como simples troca de ideias e impressões, até tomar inadvertidamente a forma de um ensaio crítico. Além dos autores que assinam o texto, diversas outras pessoas contribuíram com sugestões e reflexões pontuais, as quais ressoam nestas páginas. A maior parte delas é colaboradora da revista *Jaggernaut* e da associação Crise et Critique, grupo francês próximo à crítica do valor-dissociação (*Wertabspaltungskritik*). Uma primeira versão dos capítulos iniciais foi divulgada na internet, inicialmente através do site *Palim Psao*, com o título *De Virus Illustribus*. O desvio da fórmula latina *de viris illustribus* — designando o gênero clássico do registro de "vidas ilustres" — indicava nosso espanto perante o fato de que um "vírus" havia se tornado, de repente, o mais célebre dos personagens de nosso tempo. As reações estapafúrdias dos "ilustres" que nos governam deixou claro que estes tampouco são dignos de nota. A tradução do texto também foi uma empreitada coletiva e a distância, que contou com a participação de Pedro Pereira Barroso, João Gaspar, Frederico Lyra e Cecília Pires (nos primeiros quatro capítulos), e Pedro

Henrique Resende, Rachel Pach e Robson J. F. de Oliveira (na integralidade do texto). É graças a essa colaboração generosa que os leitores brasileiros terão acesso ao livro antes mesmo de sua publicação integral na França. A antecipação se justifica, ademais, pela precipitação vertiginosa da crise no Brasil.

Gabriel Zacarias
São Paulo, junho de 2020

— INTRODUÇÃO —

Crise e crítica

Uma vasta quantidade de textos e comentários sobre a crise do coronavírus já circula há meses no campo das críticas ao capitalismo. Existem muitos elementos interessantes, mas nada que seja realmente incisivo. Todo mundo prega para sua paróquia: Slavoj Žižek vê o advento de uma nova forma de comunismo; Raoul Vaneigem, um espírito alegre e solidário; e Bruno Latour, a oportunidade de separar o essencial do superficial. Giorgio Agamben divisa um novo totalitarismo que nos reduz à "vida nua", Serge Latouche vende o decrescimento como solução, e os ecologistas pensam que devemos respeitar mais a biodiversidade. Naomi Klein enxerga uma nova "doutrina do choque"; os esquerdistas "classistas", a responsabilidade unicamente dos capitalistas "parasitas". Os primitivistas propõem retornar às sociedades de caçadores-coletores; Rob Wallace quer criar um capitalismo "ecossocialista", sujeitando as empresas a regras que internalizem os custos sanitários de suas atividades. O *Le Monde diplomatique* nos revela que o problema principal é o assalto neoliberal à saúde pública, Thomas Piketty diz que estamos diante da ocasião para uma maior justiça fiscal. O Estado Islâmico identifica a mão de Deus contra os infiéis e aconselha suas tropas que esse não é um bom momento para plantar bombas na Europa...

A crítica radical do capitalismo, que é a crítica do valor-dissociação, fala há trinta anos do "colapso da modernização" (Kurz, 1992). Será que estamos nele? Ou será que esta crise tem um caráter fundamentalmente diferente daquilo que a crítica do valor-dissociação analisou como esgotamento da substância do valor? A economia capitalista por muito tempo demonstrou uma capacidade surpreendente de voltar a ficar de pé depois de cada crise econômico-financeira, adicionando mais um nível de dívidas ao seu castelo de cartas. É até mesmo possível indagar se a outra frente do colapso não avançaria mais rápido: a crise ecológica e, sobretudo, as consequências do aquecimento global. Por muito tempo ausente do discurso da crítica do valor (*Wertkritik*), a crise ecológica não teve pausa, descanso ou "momento de atraso". Era de se esperar que o aquecimento global, a redução da biodiversidade, a poluição pudessem precipitar o capitalismo em uma crise definitiva antes mesmo que ele tivesse jogado todas as suas cartas "econômicas" (cujo número escondido sob a mesa, assim como a disponibilidade das populações para se deixarem levar, ultrapassaria todas as expectativas). No entanto, ninguém no campo da crítica radical parece ter previsto que um golpe tão duro para a continuidade da corrida louca do capitalismo — se ele será decisivo, não se sabe ainda — poderia vir de uma pandemia. As poucas pessoas que falavam a respeito, como o economista francês Jacques Attali ou o magnata estadunidense Bill Gates, na verdade celebravam antecipadamente as novas formas de controle que seriam mais facilmente aceitas pela população por conta das pandemias. É provável que se acreditasse, de maneira implícita, mesmo à esquerda, que o capitalismo e suas tecnologias nos teriam libertado pelo menos das epidemias "medievais".

O que pensar, então, desta surpresa tão pouco "divina"? A crise do coronavírus dobrará os sinos para um capitalismo defunto? Desencadeará o fim da sociedade industrial e consumista? Alguns o temem, outros o esperam. É muito cedo para dizer. Com a pandemia de covid-19, surgiu um fator de crise inesperado. O essencial, porém, não é o vírus, mas a sociedade que o recebe. Quer seja pela insuficiência das estruturas de saúde atingidas pelos cortes orçamentários, ou pelo possível papel desempenhado pelo desflorestamento e pela agricultura industrializada na gênese do novo vírus, de origem animal; quer seja pelo darwinismo social assustador que propõe (em tantos países, e não apenas nos anglo-saxões) sacrificar os "inúteis" em defesa da economia, ou pela tentação de empregar os arsenais estatais de vigilância: o vírus lança uma luz crua sobre os cantos sombrios da sociedade.

A pandemia de covid-19 é o acelerador, mas não a causa, do agravamento da situação de crise global da sociedade capitalista mundial. Esse novo acesso de crise econômica global, ligado à pandemia, não aparece no céu sereno de um capitalismo em boa forma. É preciso, portanto, tentar compreender o vínculo entre a situação atual e o esgotamento estrutural do capitalismo, iniciado nos anos 1960, e que foi elucidado pela teoria crítica do valor. O conjunto do processo de crise fundamental, que abarca a crise da forma-sujeito moderna e suas ideologias de exclusão (racismo, antissemitismo, anticiganismo, populismo produtivo neonacionalista, darwinismo social etc.), deve ser o ponto de partida da análise e da reflexão sobre a crise do coronavírus e as intervenções estatais correlatas.

O importante papel desempenhado pelos Estados no contexto da crise deve ser apreendido como parte da relação polar Estado-economia, demonstrando-se como, inversamente, a crise da valorização se vincula à impossibilidade, crescente para tantos Estados, de desempenhar o papel de administradores do desastre, sobretudo se a crise perdurar. Em outras palavras, é preciso ter em conta que a crise da covid-19 vai acelerar o processo de afirmação paradoxal de "primazia da política". De um lado, os Estados se afirmam como administradores do desastre e "salvadores em última instância" do capitalismo (através das políticas orçamentárias e monetárias de governos e bancos centrais). Ao mesmo tempo, a crise de valorização destrói o fundamento e a legitimidade das instituições políticas, resultando no esvaziamento da política e minando a capacidade de intervenção desses mesmos Estados.

CAPÍTULO 1

O vírus no contexto da crise global do capitalismo

A crise da covid-19 surge em meio a uma crise crucial da economia global. Ao se estabelecer em 2,4% em 2019, seu pior desempenho desde a crise financeira de 2008, o crescimento do PIB mundial sofreu desaceleração em 90% de sua máquina de exploração planetária — tanto nas economias avançadas quanto nas emergentes. Para descrever a conjuntura econômica, um desapontado Fundo Monetário Internacional (FMI) acabou por inventar a expressão "desaceleração sincronizada".[1] "Na prática, nota um observador, o coronavírus apenas acentuou uma tendência já em curso. [...] As empresas de transporte marítimo reduziram sua capacidade desde aproximadamente agosto de 2018 na maioria das vias comerciais."[2]

Essa desaceleração decorre de uma economia mundial já em estado de deterioração no plano da acumulação real de sua substância: o trabalho abstrato. O processo fundamental de crise não começou de modo algum em 2020 sob o efeito do vírus, ou em 2008, sob o efeito da crise das *subprimes*. Ele

1 O Reino Unido, por exemplo, registrou um crescimento de 0,1% no trimestre terminado em fevereiro de 2020, ou seja, antes que a pandemia de coronavírus produzisse seu efeito pleno.

2 HIAULT, Richard. "Coronavirus: le commerce mondial s'effondre" [Coronavírus: o comércio mundial em colapso], *Les Échos*, 6 mar. 2020.

se origina de uma contradição insolúvel e inerente ao capitalismo. A compulsão pela produtividade — com suas cadeias de montagem industriais e seus *fieldbus*[3] — faz parte de sua dinâmica imanente desde o início, e mina de maneira estrutural o processo de valorização, uma vez que afasta massivamente da esfera da produção a força de trabalho que cria mais-valor (Marx, 2011). Assim, o que solapa estrutural e irreversivelmente o capitalismo não é a baixa tendencial da taxa média de lucro, como imaginam os últimos dinossauros do marxismo tradicional (comunizadores inclusos) que sempre pintaram a crise como um simples momento do eterno ciclo de baixa da taxa média de lucro e de reestruturação correspondente da exploração. O que asfixia o capitalismo é a diminuição absoluta do trabalho vivo implicado no processo de produção imediato e a consequente queda da massa de mais-valor social.

Os mecanismos de compensação que consistiam, até o fim dos "Trinta Anos Gloriosos" (1945-1975), em contrabalançar pela expansão dos mercados a redução do trabalho abstrato decorrente do aumento da produtividade já não funcionam desde a terceira revolução industrial da microeletrônica. Em razão do nível de produtividade atingido, o trabalho imediato implicado na produção, enquanto fonte de produção de valor, vai se extenuando cada vez mais. Aí está a barreira interna do capital. Cada novo nível superior de produtividade necessita cada vez menos de trabalho vivo para uma quantidade crescente de riqueza material. Assim, o capitalismo, substituindo cada vez mais o trabalho humano em todos os setores da exploração empresarial pela automação industrial e pelo resto do *package* de racionalização da produtividade, solapa seus próprios fundamentos. E ele não pode

3 O *fieldbus* é um sistema de rede industrial para controle em tempo real numa linha de produção de uma fábrica. É um meio de conectar instrumentos numa unidade fabril.

funcionar de outro modo, devido a sua própria lógica e ao quadro concorrencial em que cada empresa, quer se chame Ducros, Findus, Airbus, Toyota, Somfy ou Aldi, tenta esmagar seu competidor pela redução do preço das mercadorias — redução possível graças à compulsão pela produtividade. Pode-se descrever o capitalismo como uma sociedade autodestrutiva ou autofágica (Jappe, 2017). O processo fundamental de crise da relação-capital é um processo de "dessubstancialização" de sua própria substância — o trabalho abstrato —, um processo que se dá implacavelmente devido a sua própria lógica de funcionamento.

Tudo aquilo que está na base do regime de acumulação há quatro décadas não representa mais, em termos estruturais, um regime de acumulação autossustentado em termos de mais-valor real. A acumulação só pode ser obtida pela exploração da massa de trabalho vivo correspondente, o que se tornou inviável após a terceira revolução industrial. O regime tradicional de acumulação chegou ao fim. Minado por sua própria contradição interna, a partir do fim dos anos 1970, e sob os auspícios do neoliberalismo, o capitalismo de crise não pôde fazer outra coisa para sobreviver senão se reestruturar num novo regime de acumulação fundado na multiplicação do capital fictício,[4] ou seja, na antecipação de uma produção futura de mais-valor — mas uma produção de mais-valor que no fim das contas nunca vai se realizar, em razão da contradição interna e dos elevadíssimos níveis de

4 Na seção v do livro III de *O capital*, Karl Marx utiliza o conceito de "capital fictício" para designar a moeda de crédito, os títulos da dívida pública e as ações. Sabemos que as mercadorias ordinárias representam um trabalho objetivado passado, enquanto os títulos de propriedade (créditos, ações, obrigações etc.) representam uma antecipação de valor futuro, do trabalho abstrato futuro. O capital fictício não dispõe de dimensão sensível material, e essas esperanças de ganhos futuros só existem em conexão com a economia material (uma conexão de natureza diferente de acordo com os estágios do capitalismo).

produtividade. O mercado financeiro, aqui, não desempenha mais seu papel clássico de combustível para um novo ciclo de acumulação, criando um endividamento que será estancado num segundo momento pelo surgimento de uma acumulação real de mais-valor. Esta acumulação foi extenuada pelo alto nível de produtividade. A indústria financeira tornou-se autorreferencial, pois precisa renovar montanhas de títulos que chegaram a termo, substituindo-os por montanhas de títulos ainda maiores, a fim de evitar que todo o castelo de cartas desabe. No cerne desse regime de acumulação se encontra, portanto, uma inversão da relação entre capital em funcionamento e capital fictício. A indústria financeira tornou-se não mais o elemento impulsionador de um ciclo de acumulação real, mas o próprio motor de um novo regime de acumulação sem *substância real*.

Desde os anos 1980, a história econômica da era neoliberal pode ser entendida como uma sucessão de bolhas especulativas e de ondas de dívidas que cresceram em amplitude e impulso. Vale esboçar aqui, rapidamente, a história desse regime de acumulação estruturalmente fundado na antecipação de uma produção futura e massiva de mais-valor. Sem contar a onda de dívidas surgida com as descolonizações do pós-guerra — e que acabou por fracassar nos anos 1980, quando da "crise da dívida", levando a nocaute a modernização retardatária em inúmeros países do "Terceiro Mundo" —, o capitalismo mundial vivenciou nos últimos cinquenta anos quatro ondas de dívidas. As duas primeiras — na América Latina, nos anos 1980, e na Ásia, no fim dos anos 1990 — se saldaram por crises financeiras. Pode-se observar que as crises locais do fim do século XX — a crise asiática, em 1997, e o *crash* financeiro na Rússia, em 1998 — foram acompanhadas de uma terceira onda de dívidas e pela grande bolha especulativa das ações de alta tecnologia nos Estados Unidos e na Europa, a tal bolha *dotcom* (ou "pontocom"), que estourou em março de 2000. A política de baixas taxas de juros do

Banco Central dos Estados Unidos, que foi usada para amortecer as consequências econômicas negativas dessa dinâmica especulativa em colapso nos mercados financeiros, criou as condições ideais para o aparecimento da bolha seguinte, ainda maior: a bolha imobiliária, que estourou em 2007-2008, devastando econômica e socialmente grande parte da Europa e dos Estados Unidos.

A quarta onda, resultante da "saída da crise" de 2008, é pior que as outras. Sua amplitude inigualável e sua extensão mostram também a sincronicidade dos problemas encontrados pelo capitalismo em nível global. Os bancos centrais tiveram que agir feito bombeiros em 2008, especialmente para tomar o lugar do chamado mercado interbancário (os bancos que emprestam a outros bancos), que não funcionava mais (pois os estabelecimentos bancários não tinham mais confiança uns nos outros). Essa política monetária expansiva única na história consistiu em reduções massivas de taxas de juros e na compra, no âmbito da chamada "flexibilização quantitativa" (*quantitative easing*), de velhos papéis e da dívida pública, que hoje figuram nos balanços dos bancos centrais. Desde 2008, a fim de dar um ar de "retomada", os Estados também tiveram que emitir quinze trilhões de dólares em papéis de dívida com taxas de juros negativas, ou seja, um déficit orçamentário de proporções inéditas em tempos de paz. Essas políticas permitiram a formação de uma megabolha de liquidez, que constituiu a base do desenvolvimento econômico aparentemente estável da última década (em especial, o famoso "ciclo estadunidense").

O grande retorno da ajuda dos bancos centrais, depois da desafortunada tentativa de retirada em 2018, joga nos mercados financeiros o combustível necessário à multiplicação do capital fictício que precisaria ser exponencial. A normalização do excepcional está em curso, mas o crescimento mundial não decola mais. A economia das bolhas em constante crescimento voltou a subir rumo aos céus, gerando montanhas de dívidas que mantêm em andamento uma hiperprodução de mercadorias por meio de uma demanda financiada pelo crédito.

Uma parte da bolha das matérias-primas explodiu em seguida, em 2015, levando a nocaute mais uma vez as "periferias", que tinham por breve momento "emergido" na década precedente. Esses países "emergentes", como o Brasil, que esteve em recessão em 2015-2016, vivenciaram, tal qual em 2008, grandes saídas de capital e as crises das moedas emergentes (em 2015 e 2018). Essa crise sistêmica — compreendida como um processo histórico de contradições internas crescentes que se desenrola por fases e impulsos — nunca foi superada. Houve, de fato, uma passagem do capitalismo de crise por uma curtíssima sucessão de bolhas, além de um endividamento astronômico das empresas, das famílias e dos Estados.

Desde então, são essas bolhas, os circuitos deficitários e o endividamento generalizado que sustentam estruturalmente um simulacro de conjuntura econômica em crescimento relativo, mas também a forma espacial dessa economia: a globalização. O sistema agora só pode superar o estouro em cadeia das bolhas especulativas sucessivas e dos riscos do endividamento passando de uma bolha imensa a outra ainda mais medonha, isso tudo no seio de uma tendência ao endividamento generalizado sem limites. Essas bolhas repousam amiúde em setores privados inovadores ditos "portadores de esperança" para a multiplicação do capital fictício. Depois da crise de 2008, a necessidade de uma renovação no rol dos portadores de esperança para a multiplicação exponencial do capital fictício rapidamente se fez sentir, para voltar a inflar uma bolha especulativa maior. Falou-se, assim, de uma "segunda bolha da internet" no início dos anos 2010, em torno das novas ferramentas da web 2.0 e das empresas de "plataforma" (Facebook, Twitter, Instagram, LinkedIn, Uber, Amazon etc.), e essa necessidade de multiplicar o capital fictício também resultou na elaboração do conceito em marketing de "quarta revolução industrial" ou "indústria 4.0", apresentado com grande pompa na feira de tecnologias industriais de Hanover, na Alemanha, em 2011.

Entretanto, foi na realidade o setor público, e não o privado,[5] que se tornou o novo centro da multiplicação do capital fictício, e isso de forma progressiva desde os anos 2000. A megabolha estatal mundial atual se funda nas obrigações do Estado ou nos créditos acordados com os Estados, que se tornaram, parte deles, valores-refúgio, porque o risco de receber calote de certos Estados parece mínimo. Essa bolha se funda, portanto, na crença de que os Estados terão capacidade de arrecadação quando a economia, um dia, estiver em situação melhor do que o caos presente. Esses bilhões "vêm do futuro", resumiu a otimista economista francesa Esther Duflo, vencedora do prêmio Nobel.[6] A sociedade capitalista mundial acredita, assim, consumir seu próprio futuro, e funda as condições de existência de seu presente nessa expectativa. Mas é um futuro sem porvir, posto que minado por um presente já aprisionado à dupla barreira interna e externa (ecológica) do capitalismo.

Há aproximadamente uma década, estamos sentindo os primeiros limites de um capitalismo que estruturalmente

5 No âmbito do setor privado da multiplicação do capital fictício, pode-se notar que a dívida do setor privado não é mais fundada, como na crise de 2008, em empréstimos imobiliários e hipotecários, mas em empréstimos a empresas. Um recente relatório da Organização para Cooperação e Desenvolvimento Econômico (OCDE) indica ainda que, no fim do mês de dezembro de 2019, o saldo contábil mundial das dívidas das empresas não financeiras atingiu um nível recorde de 13,5 bilhões de dólares, ou seja, o dobro em termos reais do nível de dezembro de 2008 (PLENDER, John. "The seeds of the next debt crisis" [As sementes da próxima crise da dívida], *Financial Times*, 4 mar. 2020). O aumento que mais salta aos olhos é novamente nos Estados Unidos, onde o Banco Central estima que a dívida das empresas passou de 3,3 bilhões de dólares, antes da crise financeira, para 6,5 bilhões de dólares no ano passado.

6 "Invité: à quoi va ressembler la crise économique?" [Convidado: como será a crise econômica?], em TF1, 7 abr. 2020.

não pode mais se reproduzir, e que desde os anos 1980 sobrevive apenas por meio da multiplicação exponencial do capital fictício. Com um aumento do endividamento mundial, que chegou à casa dos 322% do PIB global no terceiro trimestre de 2019 — ou seja, 255 trilhões de dólares —, envolvendo em particular os países emergentes, e taxas de crescimento cada vez mais frágeis, o espectro do *crash* financeiro de 2007-2008 ronda as mentes por toda parte. E isso porque as condições causais daquela crise, longe de terem desaparecido, não pararam de se ampliar monstruosamente. Toda a economia mundial está agora num beco sem saída.

— CAPÍTULO 2 —

O que não é a crise do coronavírus

A crise do coronavírus não tem nada de "choque externo" em uma economia em plena forma. Mesmo assim, boa parte das reações não fugiu do diapasão habitual, tratando-a como uma crise "do vírus". Quando se trata de refletir acerca das causas da pandemia de covid-19, uma compreensão a-histórica, biologizante e naturalizante toma conta de grande parte da esfera pública. Afinal, se as epidemias são flagelos biológicos "naturais" estranhos às sociedades humanas que existem desde a origem da humanidade, não haveria razão alguma para incriminar a globalização e a nossa forma de vida social.

Como de costume, a ideologia intrínseca ao capitalismo joga para fatores externos as causas do cataclismo inaudito que se abate sobre a sociedade mundial.[7] Seguindo o clarão da ideologia dominante, a presidente da Comissão Europeia, Ursula von der Leyen, não foi a última a dizer que era preciso "enfrentar um choque externo e simétrico que atinge empresas em bom estado de saúde".[8] Palavras semelhantes saíram da pena do economista francês Jean-Marc Daniel, o incansável

7 Para uma reflexão sobre o movimento constante de externalização das causas das crises econômicas, ver BOTELHO, Maurílio. "Epidemia econômica: covid-19 e a crise capitalista", *Blog da Boitempo*, 2 abr. 2020.

8 "Coronavirus: Bruxelles prépare un fonds solidaire de soutien au chômage partie" [Coronavirus: Bruxelas prepara um fundo solidário de apoio para o desemprego parcial], *Les Échos*, 2 abr. 2020.

bufão dos meios patronais, para quem "a dimensão endógena da recessão mundial doravante inevitável não tem importância. A queda da atividade se deve quase que exclusivamente a um choque exógeno. [...] Isso significa, antes de tudo, que o discurso ritual sobre o fim inelutável e desejável da globalização e do capitalismo não se coaduna com o que está se passando".[9] Martelando incessantemente o panorama de uma economia mundial em bom estado de saúde antes da covid-19 e projetando as causas da crise para seu exterior, a ideologia apologética dominante busca, acima de tudo, absolver de qualquer culpa a corrida tresloucada da economia e impedir que, na situação atual, a crítica do sistema se reorganize.

Se a doença e, *a fortiori*, as infecções virais são com toda evidência fatos biológicos, doenças como as epidemias estão sempre intimamente ligadas a sociedades históricas específicas. O biológico, para a humanidade, só existe "embutido" na trama das relações sócio-históricas. Isso porque o indivíduo não é exterior à sociedade; pelo contrário, constitui-se nela e por ela. Inversamente, o mecanismo defensivo de externalização das causas ("a sociedade capitalista não tem nada a ver com isso!") é próprio do modo de constituição do sujeito moderno, que não vê a sociedade senão como um meio de realizar seus próprios fins individuais.[10] O indivíduo é tudo, como sempre quis fazer crer a ideologia burguesa com o mito de Robinson Crusoé e sua sentença neoliberal: "A sociedade não existe". A sociedade seria, no melhor dos casos, uma agregação dos indivíduos. Por meio do mecanismo de projeção que subentende a ideologia do choque externo contra um capitalismo em plena forma, já se vê que a consciência de si

9 "Nous devrons bien assumer un impôt coronavirus" [Devemos estabalecer um imposto coronavírus], *Les Échos*, 15 abr. 2020.

10 Para uma reflexão análoga a respeito do terrorismo contemporâneo, ver ZACARIAS, Gabriel Ferreira. *No espelho do terror: jihad e espetáculo*. São Paulo: Elefante, 2018.

do sujeito moderno, intrínseca ao capitalismo, sempre oculta o contexto em que o indivíduo se situa realmente. A externalização das causas permite ao sujeito moderno isentar-se de qualquer autoanálise crítica, assim como de toda e qualquer reflexão sobre a totalidade social que o constitui.

As epidemias são "grandes personagens da história", já dizia o historiador francês Bartolomé Bennassar. Já se tinha notícia desse liame entre epidemias e vida social desde seu aparecimento nas primeiras sociedades agrícolas do Neolítico. O mesmo se pode dizer da covid-19 e a sociedade capitalista mundial. A questão essencial permanece: trazer a lume o conjunto de relações entre o plano biológico e o social. No plano das causas, do modo de difusão e do impacto social, a epidemia atual continua sendo um produto da vida social capitalista. O termo "catástrofe socionatural", que já se podia utilizar para evocar as devastações mais gerais ligadas às mudanças climáticas, pode ser transposto para a situação presente. Estamos diante de uma pandemia socionatural ligada ao capitalismo.

A questão da origem exata do vírus ainda está em aberto. Existe um consenso sobre a transmissão do animal ao humano, mas as condições dessa transmissão ainda não estão determinadas. Muitos epidemiologistas constataram uma relação entre o desmatamento, a criação animal em escala industrial e a multiplicação das zoonoses (doenças transmitidas aos seres humanos por animais) nos últimos cinquenta anos nas zonas intertropicais: HIV-1, Nipah, ebola etc. Alguns, como o epidemiologista estadunidense Rob Wallace, transpuseram, sem investigação preliminar, essa relação para o caso da covid-19. A outra tese, surgida desde o fim de janeiro de 2020 na imprensa e nas redes sociais chinesas, é a de um vazamento acidental num dos dois laboratórios de virologia P2 ou P4 de Wuhan, onde estudos sobre o coronavírus de morcegos estavam sendo feitos. Depois da revelação no *The Washington Post* em 14 de abril de 2020, com telegramas diplomáticos estadunidenses constatando problemas de segurança nesses laboratórios em 2018, tais suspeitas, também sem investigação preliminar, foram divulgadas pelos governos de Washington, Londres e Paris.[11]

Seja como for, o vírus é o detonador, mas não a bomba causadora do agravamento da situação da crise estrutural e global determinada de maneira subjacente pela contradição interna a que já nos referimos. Como expressão das contradições internas acumuladas pelo regime de acumulação hoje estruturalmente alicerçado na antecipação da produção de mais-valor futuro por meio de um endividamento generalizado, a crise sanitária é a expressão e o vetor de uma crise que já estava em andamento, e cujo passo ela apenas vem acelerar.

Se, nas palavras de Marx, a "crise é a interrupção da circulação", não foi o fenômeno viral imediato — ou seja, a passagem da forma extracelular à forma intracelular do vírus Sars-CoV-2 no corpo de uma dada população — que bloqueou os fluxos e a produção de mercadorias cujo valor/mais-valor se expressa no dinheiro. Não foi nem a *epidemia* nem a *pandemia* de covid-19 que estancou *biologicamente* vários segmentos do capitalismo mundial. Não há aqui qualquer *unidade* entre a viralidade biológica e a situação socioeconômica, no sentido de uma subsunção da crise econômica, financeira e social ao conceito *biológico*. Em lugar nenhum os milhões de corpos devastados pelo vírus puseram de joelhos diretamente, sem mediação, a máquina de exploração do fim-em-si da valorização do valor. Não foi tanto o conteúdo biológico do vírus atravessando os corpos, mas a reação *político-estatal* ao risco

11 PEDROLETTI, Brice. "Washington, Paris et Londres s'inquiètent des zones d'ombre de Pékin sur l'origine du virus" [Washington, Paris e Londres estão preocupados com mistério de Pequim sobre a origem do coronavírus], *Le Monde*, 17 abr. 2020; HECKETSWEILER, Chloé. "Coronavirus: le Sars-CoV-2 est-il sorti d'un laboratoire?" [Coronavírus: o Sars-CoV-2 escapou de um laboratório?], *Le Monde*, 17 abr. 2020.

de propagação desse vírus que freou a economia mundial e provocou um começo de crise econômica e financeira.

Contudo, se, por um lado, a crise econômico-financeira não se deve diretamente à letalidade do vírus, não deixa de ser verdade, por outro, que ela possui uma dimensão inédita. Não estamos aqui, de saída, diante de um fim de ciclo econômico — embora muitos tenham pensado no fim do pretenso "ciclo de expansão" dos Estados Unidos, iniciado em 2009 —, de um pânico endógeno nas bolsas, ou da constatação da não rentabilidade de inúmeras empresas nessa estação vivaldesca em que florescem dividendos, inflados pelo capital fictício, para a classe que lucra. Como dissemos, há várias décadas o capitalismo simula a verdadeira rentabilidade das empresas que o compõem se apoiando na indústria financeira do crédito e da especulação. Essa indústria financeira carrega com cada vez mais dificuldade o conjunto da economia mundial por meio do ciclo de bolhas especulativas. A situação atual não é de um vírus que daria a estocada final contra a modernização, cujo colapso em realidade já começou há décadas. A causa estrutural da crise do mercado mundial é a contradição interna do processo de valorização, e seu detonador é a explosão cataclísmica da megabolha que deu sustentação à conjuntura pós-2008. Em aparência, a crise atual não tem, portanto, os contornos previstos pela teoria da crise defendida pela corrente crítica chamada de valor-dissociação — a explosão por si da "bolha das bolhas" e a crise da dívida soberana, com a desvalorização do *medium* dinheiro —, mas é determinada de maneira subjacente por outros mecanismos, conforme veremos adiante.

Mesmo assim, tivemos o resultado clássico de uma crise econômica e financeira massiva: pavor na economia — primeiramente na China, a partir do fim de janeiro, e a partir de meados de março na Europa, nos Estados Unidos e na Índia, com a queda dos índices de produção e de rentabilidade —, desorganização e ruptura generalizadas das cadeias de abastecimento industrial (*supply chains*), a interrupção das fábricas e do tráfego aéreo, bem como do transporte marítimo e rodoviário, com seu cortejo de demissões parciais ou dezenas de milhões de desempregados.

Será que se pode constatar uma relação direta entre a difusão da covid-19 e "os circuitos de capital" e de seres humanos que nele trabalham? A resposta pode ser afirmativa num nível muito geral. A covid-19 seguiu a mesma trajetória dos fluxos do turismo de massa e de negócios, dos trabalhadores migrantes e das cadeias de produção mundiais que utilizam as rotas aéreas e ferroviárias e os circuitos de cruzeiros (o mesmo com relação aos porta-aviões). Mobilidade, saúde e lentidão estiveram associadas durante séculos, enquanto os deslocamentos se faziam ao passo dos seres humanos, dos cavalos ou da força do vento. Mas a unificação microbiana do mundo encetada no século XVI pelas "grandes navegações" — e sabemos o preço pago pelas populações ameríndias —, a revolução dos transportes no século XIX e, principalmente, o desenvolvimento do transporte em larga escala por avião, a partir dos anos 1960, vão modificar completamente a relação entre saúde e mobilidade. Velocidade e transporte de massa vão tomar o lugar da lentidão e dos pequenos grupos. Nas sociedades modernas, essa mobilidade será o principal fator da pandemização de um vírus. Enquanto na Idade Média foi preciso mais de uma década para que a peste bubônica se propagasse da China à Europa pelas rotas da seda e das conquistas mongóis, a covid-19 se deslocou de um ponto a outro em uma velocidade de novecentos quilômetros por hora, seguindo os fluxos turísticos, os trabalhadores migrantes e as viagens de negócios.

A difusão do vírus na China corresponde à geografia da China litorânea industrializada, com suas zonas econômicas especiais e suas zonas industriais portuárias. Fora da China, a difusão intercontinental do novo coronavírus se fez essencialmente por via aérea, por meio das elites da gestão empresarial das *supply chains* e dos turistas. A consultoria estadunidense Dun & Bradstreet estima que 51 mil empresas no mundo inteiro têm um ou vários fornecedores em Wuhan, enquanto 938 empresas que estão no *ranking Fortune 1000* têm fornecedores de primeira ou segunda ordem na região de Wuhan.[12]

Na Ásia, a geografia e a cronologia de difusão do vírus se sobrepõem muito bem à geografia das cadeias de suprimentos industriais e dos fluxos de gestão empresarial e, principalmente, turísticos. O Japão, a Coreia do Sul e a Tailândia foram, de início, os principais países atingidos, mas na área de acumulação asiática esses fluxos integrados do capitalismo não chegaram a transformar o continente como um todo em um vasto foco de infecção.[13] Na África subsaariana, é a burguesia local integrada aos fluxos aéreos da globalização que costuma "importar" os vírus. Os três principais focos de infecção nos dois primeiros meses da pandemia — Ásia, Europa e Estados Unidos — constituem os três polos da tríade capitalista contemporânea, as três grandes regiões mais ricas e mais integradas à globalização.

Todavia, com o exemplo da disseminação precoce do vírus no Irã, a geografia da propagação do vírus também não se

12 MOODY, Kim. "How 'Just-in-Time' Capitalism Spread covid-19" [Como o capitalismo "*just-in-time*" disseminou o coronavírus], *Spectre*, 8 abr. 2020.

13 Além disso, os países asiáticos foram fortemente sensibilizados à questão das pandemias no início dos anos 2000, após os episódios de Sars. A explicação vem de Mathieu Duchâtel, diretor do programa Ásia do Instituto Montaigne: os vizinhos da China — Taiwan, Hong Kong, Singapura e Coreia do Sul — "reagiram muito antes" que a própria China. "Uns no fim de dezembro, outros no começo de janeiro, eles começaram a fazer um controle sobre as pessoas que chegavam de Wuhan e de Hubei. Essa rapidez na reação permitiu a adoção de medidas específicas sem precisarem recorrer ao confinamento massivo, último recurso contra a epidemia". Ver "Coronavirus: 'Les comparaisons internationales sur les courbes de décès suggèrent une aberration statistique chinoise'" [Coronavirus: as comparações internacionais das curvas do número de mortos sugerem uma aberração estatística na China], *Les Échos*, 20 abr. 2020.

sobrepõe completamente à da tríade capitalista. Além do mais, se o grau de difusão do vírus fosse exatamente correlato ao grau de integração das diferentes economias nacionais, por meio das cadeias de abastecimento industrial (*lean production*) e dos fluxos de gestão e de mercadorias, os dois principais parceiros comerciais da China — Japão e Estados Unidos — deveriam ter sido os dois primeiros locais de difusão da doença. Mas, diferentemente de outros países muito menos integrados à economia chinesa, Japão e Estados Unidos foram, em um primeiro momento, relativamente poupados. Inversamente, Itália e Irã — os dois primeiros focos epidêmicos fora da China — não estão entre os dez primeiros clientes ou fornecedores do país asiático. Na Europa, são os espaços germano-holandeses da dorsal europeia os mais integrados à "indústria-mundo" chinesa — e, ainda assim, não estiveram entre os epicentros da infecção no continente. Os dois primeiros países europeus infectados — Itália e França — são os principais destinos dos turistas chineses na Europa.

Juntamente com a geografia dos fluxos do capitalismo, outros fatores explicam a geografia da difusão da covid-19: em especial, a densidade das populações, a urbanização, a poluição atmosférica, as regras sanitárias bem diferentes, mas também o papel desempenhado pelas grandes aglomerações. Podemos notar, por exemplo, que as aglomerações religiosas parecem ser uma das incubadoras de grandes focos de infecção no mundo. É o caso da França, com a reunião evangélica na Alsácia,[14] mas também da cidade santa de Qom, que se tornou o epicentro das infecções no Irã,[15] e do Sudeste

14 "Épidémie: le rassemblement évangélique de Mulhouse a tout fait basculer" [Epidemia: o encontro evangélico de Mulhouse mudou tudo], DNA, 13 abr. 2020.

15 "A oposição xiita à República Islâmica, que acusa habitualmente o regime de não ser suficientemente religioso, intensificou sua luta ideológica contra o Ministério da Saúde e o regime baixando vídeos de muçulmanos xiitas

Asiático, onde o início da epidemia está associado ao ajuntamento de dezesseis mil pessoas em Tabligh Akbar, evento muçulmano realizado em uma mesquita de Kuala Lumpur, na Malásia, entre 27 de fevereiro e 1º de março de 2020.[16]

devotos beijando e até lambendo as portas do santuário [...]. Em 26 de fevereiro, o presidente [iraniano] Hassan Rouhani capitulou perante o clero em Qom declarando não ter a intenção de impor uma quarentena em Qom nem em qualquer outra cidade no Irã". Ver "Iran's Patient Zero: The Islamic Republic" [O paciente zero do Irã: a república islâmica], The Arab Gulf States Institute in Washington, 3 mar. 2020.

16 "How mass pilgrimage at Malaysian mosque became coronavirus hotspot" [Como a peregrinação massiva a uma mesquita malaia tornou-se foco de coronavírus], *Reuters*, 17 mar. 2020.

— CAPÍTULO 3 —

O grande confinamento do capitalismo: triunfo do Estado sobre a economia?

Não foram nem a biologia viral, nem os mecanismos clássicos das crises econômicas que provocaram o confinamento generalizado do mercado mundial. O que houve foi uma série de decisões externas ao mercado, procedentes da esfera político-estatal dos países capitalistas. Em razão de avaliações científicas alarmantes, cerca de 110 Estados ou territórios capitalistas decidiram, politicamente e de forma regulamentar, parar segmentos inteiros de suas sociedades, com maior incidência na esfera da economia empresarial. Assim, a partir do dia 23 de março de 2020, o Estado italiano decretou a ampliação das medidas de confinamento, interrompendo atividades em todas as indústrias de produção consideradas "não essenciais". "Vamos reduzir o aparelho de produção do país, mas não vamos pará-lo", declarou o primeiro-ministro Giuseppe Conte. Uma "continuidade econômica" é reservada apenas aos setores de produção e distribuição de mercadorias considerados "essenciais". Essas decisões foram as mesmas tomadas dois meses antes pelo Estado chinês, e em seguida adotadas pela maioria dos Estados nacionais. É uma situação inédita na história do capitalismo. Nunca uma crise econômica desta amplitude havia sido resultado de decisões político-estatais — em 2020, implementadas por uma série crescente de decretos e leis de urgência justificadas pela necessidade de se combater a covid-19. É o que confere a esta crise, antes de tudo, uma natureza *político-estatal*.

Tais medidas surgiram em um contexto de crescente convergência entre política e ciência. A especialidade científica — notadamente, dos epidemiologistas e de suas "modelizações", com destaque para a equipe de Neil Fergusson, professor do Imperial College britânico — esteve na base do processo de decisão estatal a favor do confinamento. Os Estados rapidamente se muniram de "comitês científicos" e "grupos de especialistas", quando não seguiram diretamente as recomendações do "capitalista coletivo sanitário ideal" que é a Organização Mundial da Saúde (OMS). A preocupação dos epidemiologistas advém das enormes incertezas em relação à natureza, à infecciosidade e à capacidade de penetração do novo coronavírus.

Devido à falta de alternativas para a maioria dos Estados, dada a escassez de meios, tais como máscaras, testes, respiradores etc. — Coreia do Sul e Singapura, com suas estratégias sanitárias restritivas baseadas na vigilância tecnológica, são exceções —, decidiu-se parar a "economia real". Encontramo-nos em uma situação na qual, a fim de evitar que a crise pandêmica atinja o conjunto do corpo social-capitalista, é o próprio capitalismo que se coloca em quarentena, por meio dos Estados que o constituem. Inúmeros Estados capitalistas decidiram assim mergulhar o capitalismo mundial em uma espécie de coma, que se espera provisório. Em meados de abril, mais de 4,4 bilhões de pessoas, ou seja, cerca de 57% da população mundial, foram aconselhadas ou obrigadas pelas autoridades de seus países a não sair de casa. A crise econômica e financeira aparece, então, como efeito imediato dessa interrupção político-estatal. Passamos da velocidade "a todo o vapor" da hegemonia neoliberal e da "primazia do mercado" (que já enfrentavam dificuldades devido à crise de 2008 e ao populismo produtivo neonacionalista) à afirmação da "primazia da política", na qual os Estados suspendem as leis do mercado e, deliberadamente, detêm a máquina de exploração. Os mercados foram confinados e os Estados, desconfinados das suas amarras neoliberais. Uma situação, como já anotamos, inédita.

No entanto, a tensão entre poder político e especialidade sanitária permanece constante. Muitos governos a princípio ignoram as advertências dos especialistas antes de abraçá-las com toda a pompa e circunstância. Donald Trump não hesitou em suspender, a partir de 15 de abril de 2020, a contribuição estadunidense à OMS (que representa a maior contribuição nacional à entidade), por acreditar que a OMS, em conjunto com a China, foi responsável pela pandemia. Com efeito, esta crise põe em evidência o fato de que o poder político pode até ignorar a opinião científica pelo tempo exigido pelos condicionamentos econômicos, mas corre para se esconder atrás dela quando o caldo entorna. As características do vírus Sars-CoV-2 são ainda muito pouco conhecidas, e os eventuais tratamentos que já circulam por aí são controversos, assim como não há consenso sobre quais medidas são mais eficazes. O poder político pode, portanto, em último caso, jogar sobre os especialistas a responsabilidade de seu próprio despreparo e da incoerência de suas reações.

Por vezes, foi o próprio patronato que antecipou o fechamento de lojas ou fábricas que, de acordo com as medidas oficiais de confinamento, não precisavam ter suas atividades interrompidas. Desde o final de janeiro, empresas como Apple, Ikea, Starbucks ou McDonald's fecharam por iniciativa própria grande parte de suas lojas, restaurantes e cafés na China.[17] Na França, assim como em grande parte da Europa, o patronato

17 "Coronavirus: ces entreprises installées en Chine qui ferment leurs magasins et usines par centaines" [Coronavírus: essas empresas instaladas na China fecham suas lojas e fábricas às centenas], *Le Figaro*, 29 jan. 2020.

do setor de construção pública decidiu interromper o andamento das obras, opondo-se às decisões do Ministério da Economia. Em correspondência com a data de 17 de março de 2020, Christophe Castaner, ministro do Interior francês, continuava exigindo das prefeituras que pressionassem os patrões do setor a retomar as atividades nos canteiros de obra, mas o patronato se recusou.[18] Um caso frequente é o empurra-empurra que se estabelece entre diferentes atores concorrentes dentro de uma mesma esfera político-estatal, onde podemos ver — tal como nos casos paradigmáticos de Estados Unidos, México e Brasil — governadores locais ou prefeitos querendo impor o confinamento, enquanto as presidências de Donald Trump, Andrés Manuel López Obrador e Jair Bolsonaro se opõem e, inclusive, convocam seus partidários à desobediência civil e à "rebelião".[19] E até mesmo em certas situações, como no Brasil, em que o Estado hesitante entre a razão sanitária e a razão econômica se mostrou obstinadamente resistente ao confinamento, foram as organizações criminosas do Rio de Janeiro, que há muito tempo exercem poder sobre as favelas da cidade, que determinaram a própria política de confinamento para reduzir a propagação da covid-19:[20] mensagens

18 "L'Etat veut que les chantiers continuent, les professionnels déboussolés" [Estado quer que os canteiros continuem; trabalhadores desorientados], *Batiactu*, 18 mar. 2020.

19 Voltaremos a tratar dos Estados Unidos e do Brasil mais adiante. No México, "no dia em que a prefeita da Cidade do México, Claudia Sheinbaum, do mesmo partido, pedia aos seus habitantes que ficassem em casa, o presidente os encorajava a sair, a ir aos restaurantes, afirmando que os mexicanos seriam 'muito resistentes a todo tipo de calamidade'". Ver "Au Mexique, Amlo traite l'épidémie par la désinvolture" [No México, Andrés Manuel López Obrador despreza a epidemia], *Libération*, 14 abr. 2020.

20 Com o avanço da crise, a contradição entre razão sanitária e razão econômica também apareceu nas periferias (ver "Coronavírus: traficantes e milicianos impõem toque de recolher em comunidades do Rio", G1, 23 mar. 2020). Em muitas favelas controladas pelas milícias, os comércios foram obrigados a reabrir (ver "Comércio em área de milícias é obrigado a funcionar durante a de ameaça foram propagadas por traficantes e milicianos, dizendo que iriam "ensinar as pessoas a respeitar" o toque de recolher. Uma dessas mensagens avisava: "Atenção a todos os moradores [das comunidades] de Rio das Pedras, Muzema e Tijuquinha! Toque de recolher a partir de hoje 20 horas. Quem for visto na rua após esse horário vai aprender a respeitar o próximo". Outro comunicado dizia: "Queremos o melhor para a população. Se o governo não tem capacidade de dar um jeito, o crime organizado resolve".

Além das decisões estatais, há outro fator endógeno ao funcionamento da esfera da economia empresarial que levou à interrupção do processo de valorização. Desde o final dos anos 1970, o capitalismo que *se financeiriza* e *se globaliza* reestruturou-se em uma forma espacial e organizacional bastante complexa, chamada *lean production*. Trata-se de uma organização da produção gerida pelos *cost-killers* com a sua redução implacável de custos de produção, baseada em três elementos: *just-in-time* otimizado, advindo do toyotismo; organização do trabalho em grupos; e modelo específico de mobilização-controle dos assalariados com base na avaliação individual. Essa *lean production* foi associada a diversas estratégias territoriais das empresas, tais como a dispersão técnica e geográfica das cadeias de produção, numa sucessão de fornecedores e fabricantes de equipamentos que convergem na produção de uma mesma mercadoria manufaturada. "Segundo o recente barômetro de Kyu, 70% dos grupos questionados não conhecem seus forne-

quarentena em Itaboraí", G1, 25 mai. 2020). Não é de se surpreender, uma vez que as milícias — organizações criminosas geralmente chefiadas por ex-policiais militares — são ideologicamente alinhadas com o governo de Jair Bolsonaro. Um exemplo mais positivo foi dado por organizações de socorro mútuo que procuraram suprir a ausência de amparo estatal, como no caso da favela paulistana de Paraisópolis (ver "Jair Bolsonaro Let Coronavirus Ravage Brazil. A Favela Is Taking Matters Into Its Own Hands" [Jair Bolsonaro deixou o coronavírus devastar o Brasil. Uma favela está tomando o problema nas próprias mãos], *The Intercept*, 30 mai. 2020).

cedores de segundo grau [...], mesmo os grupos mais desenvolvidos têm pouca visibilidade dentro de sua própria *supply chain*. É dessa forma que, no setor automobilístico, por exemplo, uma peça que não é necessariamente estratégica pode se revelar crucial para a finalização do produto. Este fenômeno deve aumentar com a retomada [da produção]."[21] Com a covid-19, aquilo que era considerado uma vantagem das cadeias de produção globalizadas tornou-se seu principal ponto fraco. A desorganização da logística de *supply chain*, que conecta os diferentes fornecedores, fornecedores de fornecedores e as fábricas que fazem as encomendas, apareceu como um fator de peso sobre as decisões locais de se parar ou não a economia.

Sobre o papel dos Estados na crise do coronavírus, duas interpretações se opõem: se é evidente que os Estados *se aproveitam* do vírus para impor controles inéditos, alguns, como Giorgio Agamben e uma parte dos meios radicais, afirmam que os Estados exageram a respeito do alcance do perigo — ou, na versão da teoria da conspiração, que foram eles próprios que o criaram, e Agamben até mesmo evoca a ideia de "invenção de uma epidemia"[22] — para fazer passar suas medidas liberticidas. Enquanto isso, nas fileiras dos opositores do neoliberalismo, acusam-se os governos de terem minimizado o perigo durante muito tempo, sobretudo por razões econômicas. É verdade que a China, assim como os Estados Unidos; a Grã-Bretanha, assim como a Alemanha; e o Irã, assim como a Rússia, demoraram bastante para admitir a gravidade da situação. A teoria da conspiração é também o prisma de outra compreensão sobre o papel do Estado. Os representantes do governo chinês — além de inúmeros geoestrategistas de sofá na internet — acusam os Estados Unidos de terem "lançado" o vírus para enfraquecer

21 "Comment le secteur de la logistique s'adapte à la nouvelle donne" [Como o setor da logística se adapta à nova ordem], *Les Échos*, 4 abr. 2020.

22 AGAMBEN, Giorgio. "L'invenzione di un'epidemia" [A invenção de uma epidemia], *Quodlibet*, 26 fev. 2020. Voltaremos a essa questão no capítulo 5.

a China. Os Estados Unidos, porém, pagaram um preço tão alto quanto os chineses em termos econômicos — e perderam muito mais vidas. Como as teorias da conspiração podem sempre ser facilmente invertidas, uma versão alternativa defende que a China "comunista" lançou o vírus para atingir o Ocidente capitalista. Alguns afirmam ainda que a China, que demonstrou sua capacidade de gerir crises, saiu como vencedora dessa situação, ou mesmo como "líder mundial", e poderia dar lições ao resto do mundo. Outros pensam, pelo contrário, que a China demonstrou suas fraquezas.[23] Há ainda aqueles que falam de uma espécie de divórcio entre a razão política (que leva ao confinamento do mundo todo sob grande vigilância) e a razão econômica (que levaria à ausência completa de intervenção). Parece, contudo, que todas as análises fundadas sobre a "estratégia" dos atores, ainda que não cedam à teoria da conspiração, deixam de lado o essencial: todos, até aqueles que estão no topo, se encontram desamparados. Vemos uma vez mais que o capitalismo não é governado por malandros superpotentes e oniscientes que fazem todos de marionetes, mas, antes, por um "sujeito automático" — mediado pelo agir de indivíduos e classes que são, respectivamente, "máscaras de caráter" e "personificações das categorias econômicas", como diria Karl Marx — que é incapaz de "pensar" a longo termo e tende, sempre, em situações de crise, a cair na anomia.

Diante dos alertas dos especialistas da área epidemiológica, e na ausência de uma vacina, os Estados capitalistas contaram com três estratégias possíveis. Se os Estados não têm imediatamente os meios de implementar a primeira estratégia, que é a identificação das cadeias de contaminação e o isolamento seletivo dos indivíduos portadores do novo coronavírus (estratégia empregada por Coreia do Sul, Taiwan, Singapura e, par-

23 COLETIVO CHUANG. *Contágio social: coronavírus e a luta de classes microbiológica na China.* São Paulo: Veneta, 2020.

cialmente, Alemanha),[24] a segunda estratégia, na falta de uma melhor, consiste em quebrar as cadeias invisíveis de contaminação por meio do confinamento indiferenciado da maioria da população — o que implica a parada de quase todas as esferas funcionais das sociedades capitalistas (economia, política, educação etc.), com exceção da esfera da saúde e de uma parte do aparelho de Estado e logística. Daí o tríptico: distanciamento social, confinamento e fechamento parcial ou total de fronteiras terrestres, marítimas e aéreas. No início de abril de 2020, ao menos oitenta Estados nacionais se viram na obrigação de colocar em prática essa estratégia de grandes perdas.

A terceira "estratégia" é a do neoliberalismo epidemiológico, a do "*Laissez-faire, laissez-passer* o vírus pelos corpos", a de não controlar as cadeias de contaminação de maneira que a replicação intracelular dos agentes infecciosos leve à "imunidade coletiva" ou "imunidade de rebanho". Temos como exemplo o caso da Holanda, a estratégia britânica antes da reorientação de 16 de março de 2020, a Suécia etc. Um artigo do *Sunday Times* contava que Dominic Cummings, conselheiro sênior do primeiro-ministro britânico, Boris Johnson, expôs a estratégia de Londres na ocasião de uma reunião a portas fechadas, em fevereiro, com as seguintes palavras: "Imunidade coletiva significa proteger a economia; se isso implica a morte de alguns aposentados, paciência!".[25] O cinismo de tantos governantes, para quem a morte de uma parte da população — composta sobretudo por pessoas "inúteis" que consomem aposentadorias ao invés de trabalhar — é preferível à interrupção das atividades econômicas, corresponde perfeitamente à lógica do

24 O Estado alemão escolheu como medida sanitária uma mistura das estratégias 1 e 2.

25 "Coronavirus: Downing Street denies claim Dominic Cummings wanted to protect economy over elderly" [Coronavírus: Downing Street nega alegação de que Dominic Cummings queria proteger a economia em detrimento dos idosos], *The Independent*, 22 mar. 2020.

valor e ao seu lugar como esfera principal da reprodução-fetiche das sociedades modernas. Todavia, essa estratégia não pode ser verdadeiramente empregada. Em toda parte, mesmo os governos mais resistentes acabaram, após muita procrastinação, cedendo ao pânico popular, fosse diante das recomendações dos epidemiologistas, fosse diante de parte importante do aparelho de Estado (no Brasil, prefeitos e governadores aplicaram políticas de confinamento em oposição a Bolsonaro). Contudo, o debate para decidir quanto deve custar uma vida humana não cessou... Os Estados que assumiram de início estratégias de não confinamento acabaram por abandoná-las ao final de um mês em prol de algum nível de isolamento social; no sentido inverso, aqueles Estados que começaram pelo confinamento passaram a almejar o "desconfinamento" o mais rápido possível, por conta precisamente da crise econômica. O editor do jornal financeiro *Les Échos*, Éric Le Boucher (cujo nome, de modo bem apropriado, significa em francês Éric, o Açougueiro), comenta: "Devemos voltar à estratégia da imunidade coletiva e aceitar as mortes que ela pressupõe. [...] A preservação da vida é um princípio sagrado, mas a volta ao trabalho [...] representa também um valor humano".[26] Seja como for, podemos dizer que essa terceira estratégia, inclinada à "primazia do mercado" e ao Estado neoliberal — seu mero "cão de guarda" —, é a mesma dos defensores da linha dura da economia de mercado que, mesmo sem pandemia, estão sempre prontos a liquidar o "nível de civilização capitalizada" das massas de seres humanos que, devido ao seu baixo nível de produtividade, já não são rentáveis para a máquina de exploração e tampouco financiáveis como simples consumidores. A "imunidade coletiva" pertence à expressão da crise do sujeito moderno e das ideologias de exclusão que acabam por ser

26 LE BOUCHER, Éric. "Il faut sortir la France du confinement" [É preciso tirar a França do confinamento], *Les Échos*, 10 abr. 2020.

sempre sacrificiais. Poderíamos trazer aqui a fórmula que teria sido proferida durante a cruzada de Simon de Monfort contra os albigenses no século XII, na ocasião do saque de Béziers em 1209 e do incêndio da igreja da Madeleine, em que os cátaros, infectados com o "veneno da perversidade herética", foram "confinados" em meio aos "verdadeiros cristãos": "Contaminem-se todos, o capital reconhecerá os seus próprios filhos!". Eis a estratégia sociodarwinista da "primazia do mercado", cuja denúncia feita pela esquerda não compreende a relação polar Estado-mercado no seio do capitalismo.

Essa estratégia pode ser vislumbrada também no sinistro debate da chamada "escolha ética" para decidir quais critérios devem prevalecer na decisão de salvar um doente em detrimento de outro, dada a falta de leitos suficientes nas unidades de terapia intensiva (que foram, como se sabe, alvos de cortes pela política neoliberal de redução de gastos em saúde). Enquanto é normalmente aceito que, numa situação de falta de materiais hospitalares, é o estado do doente — quer dizer, suas chances de sobrevivência — que prevalecem, a epidemia de covid-19 presenciou ainda o aparecimento do critério de idade, como na Itália, onde os médicos tiveram que escolher "entre um paciente de quarenta anos e um de sessenta anos com os mesmos riscos de morrer".[27] A mesma situação ocorreu na França, nos Estados Unidos e na Espanha.[28] Se esse tipo de "dilema moral", muito afeiçoado à ontologia liberal, é vivido pelos

27 "Dans le nord de l'Italie, 'on doit choisir qui soigner, comme en situation de guerre'" [No norte da Itália, "temos que escolher quem tratar como se fosse uma situação de guerra"], *L'Obs*, 9 mar. 2020.

28 MARI, Elsa & MÉRÉO, Florence. "Coronavirus: 'Il va falloir choisir entre les malades', admettent des soignants" [Coronavirus, "será preciso escolher entre os doentes", admitem profissionais da saúde], *Le Parisien*, 18 mar. 2020; GLENZA, Jessica. "Who gets a ventilator? The 'gut-wrenching' choices facing U.S. health workers" [Quem usará o respirador? As excruciantes escolhas dos profissionais de saúde dos Estados Unidos], *The Guardian*, 9 abr. 2020 ; RICO, Manuel. "El documento que prueba que el Gobierno de Ayuso fijó 'criterios

trabalhadores da saúde como uma catástrofe — e, de maneira alguma, como uma questão "ética" —, ele apenas põe em crua evidência, pela força das circunstâncias, o preconceito subjacente à gestão capitalista dos seres humanos considerados inúteis e improdutivos. Nesse sentido, a justificativa desse tipo de "ética" por Emmanuel Hirsch, no jornal francês *Figaro*, em 17 de março de 2020, é arrepiante, pois clama, com forte ímpeto de legitimação, por "procedimentos incontestáveis, atentos à dignidade das pessoas", e por "uma exigência de justiça contrária a qualquer forma de arbitrariedade, assim como a um sentido elevado de bem comum". Notemos que essa é apenas a maneira habitual com que a ética liberal transforma escolhas desumanas em opções justas, dignas e incontestáveis.

Para além da estratégia de "imunidade de rebanho", também "o dia de amanhã" foi traçado pelo patronato e pelo Estado ao longo da crise: será como antes, só que pior. Em 11 de abril de 2020, um sábado, os trabalhadores franceses foram chamados por Geoffroy Roux de Bézieux, o grande chefe do Mouvement des Entreprises de France [Movimento das empresas da França] (Medef), a maior associação do patronato francês, a "trabalhar em dobro" quando a economia voltar à ativa. "O negócio é voltar ao trabalho a todo vapor", acentuou a secretária de Estado para Economia e Finanças, Agnès Pannier-Runacher. "Vamos provavelmente ter que trabalhar mais do que antes", continuou ela, para "recuperar" a perda de atividade induzida pelo confinamento. Já observava Kurz (2014, p. 373):

> A fuga para a coadministração da crise só pode conduzir à cumplicidade com o sacrifício humano reificado e, por fim, com sua execução consciente — já não mais como sacrifício da energia de trabalho abstratificada, até o ponto em que o material humano,

de exclusión' para no trasladar a enfermos de residencias a hospitales" [O documento que prova que o governo de Ayuso fixou "critérios de exclusão" para não internar pacientes], *infoLibre*, 26 mai. 2020.

> exaurido, caia morto, mas depois de essa imposição se tornar objetivamente obsoleta, sob a simples forma de uma "eutanásia" burocrática, destinada às massas de "inúteis" em termos capitalistas, e que deve assumir contornos de anomia. [...] Se as metamorfoses do dinheiro, do sacrifício humano à objetualidade simbólica de substituição, constituíram um processo civilizacional parcial no terreno das relações de fetiche não ultrapassadas, o fetiche do capital pôs em marcha um movimento de sacrifício reificado cujo resultado acaba por revogar todos os elementos civilizacionais da história humana anterior. Os sanguinários sacerdotes dos astecas eram inofensivos e amigáveis em comparação com os burocratas do sacrifício ao fetiche do capital global no seu limite interno histórico.

As decisões estatais de parar a economia podem parecer, à primeira vista, desconcertantes. Como é que uma pandemia pode surtir tais efeitos? Por que estamos assistindo a essa volta à tona do Estado? Como é que os Estados puderam, em apenas alguns dias, pôr de joelhos o processo de valorização do valor conduzido por milhões de empresas em todo o mundo? Como é que, de repente, os Estados parecem recuperar os slogans do militante de esquerda comum, como "as nossas vidas valem mais do que os lucros deles" e "bloqueio da economia"? Como é que a saúde se tornou subitamente mais importante que o *business as usual*?

Dentre as muitas opiniões sobre essas questões, Hartmut Rosa expressou a ideia de que, com a covid-19, tendo o exercício da dominação ilimitada sobre o mundo sido suspenso, "não conseguimos suportar nossa incapacidade de antecipar a sucessão dos fatos, o fato de não haver nenhuma cura. Isso explica esta enorme onda de esforços para se retomar o controle das coisas. [...] Isso nos deixa loucos, esta impotência toda".[29] Esse tipo de explicação também é, apesar de tudo, superficial:

29 "Hartmut Rosa: 'Nous sommes prêts à ralentir pour récupérer la maîtrise

essa argumentação não é apenas unilateralmente psicologizante, como também se refere apenas a um sujeito humano indiferenciado. Como salientou Jérôme Baschet, a essência do discurso dominante que acompanha a parada da economia aparece bem expressa no artigo que a diretora do FMI, Kristalina Georgieva, e o diretor da OMS, Tedros Adhnom Ghebreyesus, coassinaram no *Daily Telegraph* de 3 de abril de 2020:[30] "Todos os países se encontram diante da necessidade de conter a propagação do vírus pagando o preço da paralisia da sociedade e de sua economia", afirmam, antes de se recusarem a admitir que este seja um dilema: "Salvar vidas ou salvar os meios de subsistência? Controlar o vírus é, em todo o caso, uma condição prévia para se salvar os meios de subsistência [...], o prolongamento da crise sanitária mundial e o destino da economia mundial, que estão inseparavelmente entrelaçados. Combater a pandemia é uma necessidade para que a economia possa se recuperar".

Bill Gates acrescenta ainda alguns pontos: "Ninguém pode continuar com o *business as usual*. Qualquer dúvida a esse respeito só agravaria as dificuldades econômicas e aumentaria a probabilidade de regresso do vírus, causando ainda mais mortes [...] se tomarmos as decisões certas, baseando-nos nas informações científicas, nos dados e na experiência dos profissionais de saúde, poderemos salvar vidas e fazer com que o país volte a trabalhar".[31] Esse raciocínio, que reúne a unidade contraditória da razão sanitária e da razão econômica, é aquele que acabou de fato se impondo sobre vários dirigentes. "A liberdade de um não pode ser exercida em detrimento da saúde do outro", acabou por

du cours des événements" [Estamos prontos a desacelerar para recuperar o controle do curso dos acontecimentos], *Philosophie magazine*, n. 138, abr. 2020.

30 BASCHET, Jérôme. "Qu'est-ce qu'il nous arrive?" [O que está acontecendo conosco?], *Lundi Matin*, 13 abr. 2020.

31 *Ibidem*.

reconhecer até o liberal primeiro-ministro holandês Mark Rutte.[32] Todavia, a ideologia atualmente reinante que acabou por realizar o impensável — isto é, a interrupção de setores inteiros da máquina de exploração — não deve ser compreendida como uma simples aliança sociológica baseada em interesses comuns e nas estratégias subjetivas de atores econômicos, políticos e sanitários. Ao contrário, é preciso compreender esse fenômeno também como o resultado de determinações objetivas complexas e em si mesmas contraditórias, que são constitutivas das formações sociais capitalistas e, como tal, se impõem aos seus atores.

A natureza das decisões estatais pode ser compreendida com a teoria de Robert Kurz sobre a relação de polaridade entre o Estado e a esfera econômica. Na verdade, o capitalismo não se identifica apenas com o mercado (e seu primado neoliberal), e as relações ditas econômicas não são a totalidade da vida social capitalista, como imaginam tanto o economicismo burguês quanto o marxismo tradicional. Não apenas porque a totalidade social se rompe com a expulsão, para fora da economia "masculina" constituída pelo trabalho abstrato, de todo um conjunto inferiorizado de tarefas, disposições, emoções, sentimentos etc., que não são funcionais à esfera da economia empresarial e que são geralmente relegadas às mulheres, como salientou Roswitha Scholz (2019). Mas também porque o capitalismo, para além do mercado e da produção, constitui-se através da diferenciação de esferas sociais que são subsistemas funcionais necessários à reprodução do conjunto da totalidade concreta capitalista-patriarcal. Ao lado da esfera de economia empresarial onde operam a valorização através da exploração do trabalho e a multiplicação do capital fictício, constituiu-se uma vasta esfera da reprodução dita

32 STROOBANTS, Jean-Pierre. "Mark Rutte prône la prudence avant de déconfiner les Pays-Bas" [Mark Rutte defende prudência antes de desconfinar os Países Baixos], *Le Monde*, 23 abr. 2020.

secundária e derivada, composta essencialmente pelas esferas político-estatal, da saúde, de educação etc.

A esquerda que quer mudar o mundo a partir do Estado não compreendeu melhor que a burguesia liberal a relação de "hostilidade complementar"[33] que existe entre o Estado e o mercado-produção. Enquanto a burguesia se limita a inflacionar uma ideologia liberal apologética tirada da fase em que o mercado-produção ainda podia andar por si só e o Estado ficava apenas na retaguarda da sociedade mercantil, a esquerda altercapitalista tirou do século XX as conclusões erradas de que o Estado e o capitalismo se opõem por natureza. Na verdade, existe uma relação de polaridade entre a esfera econômica e uma esfera político-estatal que é apenas um subsistema funcional. O capitalismo não se limita ao mercado; ele é o mercado-produção *e também* o Estado (tal como outras esferas derivadas). E, assim como já demonstraram diversas correntes marxistas — o debate marxista sobre a derivação do Estado, John Holloway, Robert Kurz etc. —, muitas correntes revolucionárias se equivocaram ao defender uma visão instrumental da natureza do Estado, considerando-o como simples instrumento da classe capitalista, como objetivação das relações de classe. Muitas dessas correntes acabariam por reafirmar a positividade do Estado, por vezes com consequências desastrosas, justamente por acreditar ser possível libertá-lo de sua suposta instrumentalização por parte da classe burguesa. Seu erro, portanto, não foi o de negar a natureza capitalista do Estado, mas o de não reconhecer a verdadeira profundidade dessa relação. O Estado está muito mais imerso no mundo capitalista do que pensam aqueles que, de forma fetichista, o compreendem como simples instrumento.

33 KURZ, Robert. "La fin de la politique" [O fim da política], *Palim Psao*, 29 abr. 2016.

As esferas político-estatais e econômicas têm de ser entendidas em sua relação de complementaridade, cada uma sendo o resultado e o pressuposto da outra. Por um lado, o Estado não tem nada de "um agir da sociedade sobre ela mesma", que se autodeterminaria a partir das próprias bases, pois suas condições de existência e suas capacidades sociais dependem totalmente da extração de sangue que ele opera sobre a esfera econômica, sob a forma de impostos. Sem essa incisão fiscal sobre a economia, sem o gasto da futura produção de valor prevista (sob a forma de dívida estatal), nenhum agir coletivo seria possível. "Os impostos", escreve Marx (2012, p. 45), "são a base econômica da maquinaria governamental, e nada mais do que isso. [...] O imposto sobre a renda pressupõe as diferentes fontes de rendas das diferentes classes sociais; logo, pressupõe a sociedade capitalista". A forma estatal do agir coletivo sob o capitalismo é, portanto, necessariamente o apêndice do movimento de valorização.

Por outro lado, os Estados, em sua gênese histórica e em sua lógica de funcionamento, se constituíram desempenhando o papel de "capitalista coletivo ideal". Isso quer dizer que eles se encarregam das condições do conjunto da reprodução das sociedades capitalistas que a esfera econômica empresarial não pode assumir, por conta de sua própria lógica concorrencial. Qualquer governo, seja ele de esquerda ou de direita, é desde logo forçado a levar em consideração os imperativos sistêmicos da produção de valor. Sem essa função do Estado moderno, o capitalismo jamais poderia ter funcionado de forma duradoura, e teria sido largado à "anarquia do mercado", ou seja, teria sido lançado nas "águas gélidas do cálculo egoísta" (Marx & Engels, 1998) dos interesses privados que se enfrentam em concorrência.

O Estado assume, então, uma enorme quantidade de funções sistêmicas: garantia dos fundamentos gerais do sistema de trabalho abstrato, aparato de "segurança" com o seu mecanismo de repressão dirigido contra a luta de classes violenta, regulação dos conflitos do trabalho em meio a uma luta de classes domesticada, despesas militares, "serviços públicos", gestão das condições sanitárias através de um sistema de "saúde pública", sistema de "educação púbica" etc. De forma mais ampla, o Estado encarna a instância geral que constitui o quadro externo da valorização do capital, colocando à sua disposição os recursos e as infraestruturas (energéticas, de transporte etc.) que constituem a base de todos os processos individuais de valorização sobre o território do Estado em questão.

Contudo, essa relação de complementaridade entre a esfera da economia empresarial e o Estado também gera o afrontamento polarizado, no interior de uma mesma forma social, entre a razão econômica e a razão de Estado, isto é, entre o processo de valorização e as condições desse mesmo processo. Sob a forma de "antagonismo entre o interesse geral e o interesse privado" (Marx, 2010), essa relação de complementaridade é aquela em que se enfrentam agora o político e o econômico como dois reflexos polares num mesmo sistema de referência idêntica. A relação de complementaridade entre Estado e esfera econômica empresarial constitui ao mesmo tempo uma relação de hostilidade que pode tanto animá-los quanto fazê-los se voltar um contra o outro. O Estado pode se impor sobre a economia, assim como pode acontecer o contrário.

Além disso, cada uma das extremidades dessa relação de polaridade pode ganhar maior ou menor importância em função das sucessivas configurações tomadas pelo capitalismo ao longo da história. Elas nunca se excluem, e uma é o pressuposto da outra: estatismo ou liberalismo, ditadura política ou ditadura do mercado autorregulado, é sempre capitalismo. Foi ao findar do século XIX que o "Estado vigia noturno" liberal começou a recuar e a dar lugar a um Estado intervencionista, notadamente em sua função de encarregado dos custos gerais da produção de riqueza capitalista, e, depois, com a constituição da economia de guerra durante os grandes conflitos mundiais. A polarização da relação Estado-mercado passou a pesar de maneira mais nítida em favor do Estado depois da Grande Depressão dos anos 1930, já que "a valorização do capital" provavelmente não teria se restabelecido por conta própria (e só se restabeleceu graças à guerra). Inversamente, a partir dos anos 1980, a relação de polaridade entre o Estado e o mercado foi deslocada, por diversas razões, em direção ao "primado do mercado", compondo a fase da hegemonia neoliberal. Mas a crítica antineoliberal nunca entendeu a unidade dessa relação de polaridade Estado-mercado. Pelo contrário, ela nunca deixou de opor, no interior de uma mesma forma de vida capitalista, a fase do capitalismo centrada no Estado (o keynesianismo do Estado-providência) à fase do capitalismo centrada apenas no mercado (época neoliberal); ou, ainda, de opor o setor público ao setor privado — que não passam de duas faces da mesma sociedade capitalista. A decisão dos Estados de parar a economia e confinar suas populações durante a primavera/outono de 2020 só pode ser compreendida por meio dessa relação de polaridade entre Estado e mercado, constituída por uma hostilidade complementar. Como para curar-se de seu próprio veneno, a sociedade capitalista utilizou os meios político-estatais para capturar-se a si própria, numa desesperada tentativa de sobrevivência.

O papel sanitário que os Estados modernos desempenham na regulação do conjunto da reprodução da sociedade capitalista se deu pela primeira vez quando o Estado absolutista britânico começou a se reformular face ao surgimento radical de uma esfera econômica (necessariamente capitalista) no seio das relações sociais pré-modernas em vias de dissolução. O Estado moderno assumiu a partir dos séculos XVII e XVIII funções "desenvolvimentistas".[34] A célebre controvérsia entre

34 PINCUS, Steve & ROBINSON, James. "Faire la guerre et faire l'État: nouvelles perspectives sur l'essor de l'État développementaliste" [Fazer a guerra e fazer o Estado: novas perspectivas sobre a ascensão do Estado desenvolvimentista], *Annales* HSS, p. 7-35, jan.-mar. 2016.

Voltaire e Rousseau em 1755 a respeito do terremoto de Lisboa constitui uma verdadeira ruptura e permanecerá nos fundamentos da abordagem racionalista sobre o papel sanitário dos Estados. As catástrofes e epidemias, afirma Gaëlle Clavandier, já não são interpretadas como um castigo divino ligado à culpabilidade dos homens, mas como "desordens da natureza". Voltaire e Rousseau entreveem a responsabilidade dos homens na sua própria desgraça devido à falta de prevenção. Essa leitura, inspirada na filosofia das Luzes, se aplica aos desastres naturais, mas também às epidemias: "A ideia de que a ciência pode combater o mal se impõe a partir de então".[35]

"A novidade aqui é a convicção de que a morte pode recuar", destaca Françoise Hildesheimer. "A doença torna-se, então, um fenômeno natural que pode ser combatido para além do recurso à misericórdia divina — pela higiene, pelo isolamento, pela distribuição de comida e de remédios."[36] O papel sanitário do Estado moderno nasceu com essa revolução das consciências, e foi gestado na luta contra as epidemias, que é também o contexto do desenvolvimento da medicina e da preocupação que levará, no século XVIII, à "higiene pública". Na França, a adoção desse papel sanitário pelo Estado pode ser datada de 1710, quando pela primeira vez Luís XIV expediu aos seus intendentes caixas de "remédios" para serem distribuídos gratuitamente nas áreas rurais. Em 1750, em cada intendência do Estado, foi nomeado um médico responsável para tratar das epidemias. Mas foi principalmente no século

35 CLAVANDIER, Gaëlle. *La Mort collective: pour une sociologie des catastrophes* [A morte coletiva: por uma sociologia das catástrofes]. Paris: CNRS, 2004, *apud* CHEMIN, Anne. "Épidémies: une anthropologie des 48 grandes peurs collectives" [Epidemias: uma antropologia dos 48 grandes medos coletivos], *Le Monde*, 18 abr. 2020.

36 HILDESHEIMER, Françoise. *Fléaux et Société, de la Grande Peste au choléra, XIVe-XIXe siècle* [Pragas e sociedade, da Grande Peste à cólera, séculos XIV-XIX]. Paris: Hachette, 1993, *apud* CHEMIN, Anne, *op. cit.*

XIX, após as epidemias de cólera, que os Estados se encarregaram das condições gerais sanitárias da relação de valor-dissociação, isto é, do processo de valorização e das tarefas reprodutivas atribuídas às mulheres. Isso vai aparecer sob as formas de higienismo, de saneamento urbano, da constituição de um primeiro aparelho sanitário estatal, de serviço hospitalar público, de um código de saúde pública, de financiamento de pesquisas médicas etc. São essas condições sanitárias que serão designadas pelo termo "saúde pública".

Ao longo de todo o século XX, os Estados vão colocar em prática diferentes "políticas de saúde pública". Na França, um "sistema de saúde" foi implementado por duas leis: em 1902, por meio de uma política de vacinação, e, em 2004, por meio de cinco "planos estratégicos". Todo um conjunto de instituições, estruturas, institutos de pesquisa e formação, além de dispositivos de vigilância e segurança sanitária, foram progressivamente criados.

Sabemos, porém, que, na fase do Estado neoliberal, essa política de saúde pública foi alvo de cortes orçamentários em inúmeros países. Durante a crise de covid-19, a falta de preparo de muitos Estados ficou patente através, por exemplo, da falta de meios como máscaras FFP2 e da diminuição de leitos hospitalares. Nos Estados Unidos, Trump reduziu o orçamento dos Centros de Controle e Prevenção de Doenças (CDC), deixando setecentas vagas sem contratação, além de ter dissolvido o grupo de trabalho sobre pandemias no interior do Conselho de Segurança Nacional. No entanto, isso não se deu de forma idêntica em todos os Estados neoliberais, uma vez que países como Alemanha e Coreia do Sul mantiveram seus equipamentos de saúde pública em alto nível.

Em um mundo onde a democracia se tornou uma palavra que já não designa mais seu objeto, era talvez de se esperar que uma situação de emergência sanitária desencadeasse o estado de exceção por toda parte e, assim, desferisse o golpe final no que ainda restava de aparência democrática. Isso efetivamente aconteceu em alguns países, como Hungria ou Israel, onde os dirigentes se aproveitaram da situação para aumentar seus poderes, ou para avançar na militarização da vida pública, como no caso do Chile, que há meses tivera sua normalidade interrompida por fortes protestos sociais. Mesmo nos países mais "democráticos", como os da Europa continental, foram impostas do dia para a noite, e sem nenhuma oposição, medidas que de outra forma teriam sido consideradas inaceitáveis pelos eleitores. É preciso notar, porém, que o contrário também se mostrou verdadeiro. Diversos dirigentes preferiram não fazer nada de início, com a esperança de que as coisas pudessem se resolver por si sós. O risco de as medidas de controle afetarem a economia os levou a hesitar quanto à necessidade de segurança. Não podemos perder de vista essas reações de tipos contrários. Em geral, a maioria dos comentadores só considera um desses aspectos: ou se realça a inclinação rápida ao autoritarismo, ou se denuncia a submissão do Estado à economia. Na realidade, assistimos a uma oscilação permanente entre esses dois polos, inclusive por parte de um mesmo dirigente.

O exemplo de Donald Trump é mais uma vez ilustrativo, com o vaivém contínuo em suas decisões e posições públicas, anunciadas em *briefings* da Casa Branca que se tornaram diários devido à pandemia. Por vezes, o presidente dos Estados Unidos insistiu na gravidade da crise, falando em "guerra" contra o "inimigo invisível", querendo mostrar que estava fazendo mais do que qualquer outro líder mundial. Outras vezes, minimizou a importância da doença, pressionando pela reabertura rápida do país para salvar a economia, contradizendo abertamente as indicações dos médicos e especialistas de sua *task force*, com quem nunca deixou de manter uma relação parcialmente hostil (como o diretor do Instituto Nacional de Alergias e Doenças Infecciosas dos Estados Unidos, Anthony Fauci, "o epidemiologista que confronta Trump").

As reações contraditórias de Trump não são destoantes. Pelo contrário. Basta pensar na procrastinação das autoridades chinesas em janeiro de 2020, ou na fase de negação inicial dos primeiros países europeus afetados, como a Itália e a França. No Brasil, Jair Bolsonaro não arredou pé de sua posição delirante, continuando a qualificar a covid-19 como "gripezinha". O conflito dentro de seu próprio governo foi tanto que levou à queda sucessiva de dois ministros da Saúde em dois meses, deixando a pasta sem nenhum encarregado oficial no exato momento em que o país se tornava o epicentro da pandemia em escala mundial. Com variações de gênero e grau, a verdade é que numerosos Estados se mostraram obstinadamente resistentes à ideia de implementar a estratégia de confinamento. Economia ou vidas humanas? A relação polarizada de hostilidade complementar entre o Estado e a esfera da economia empresarial, que sempre foi constitutiva das sociedades capitalistas, se manifestou na crise através do conflito entre razão econômica e razão sanitária. Essa unidade contraditória se revela nas hesitações que continuam dividindo os Estados, os dirigentes e as opiniões públicas quando se trata de decidir entre, de um lado, os danos econômicos ou sociais e, de outro, as mortes que podem ser evitadas.

Essa hesitação, no âmbito da política, pode parecer mais surpreendente quando pensamos no caso de países que foram marcados pela ascensão de governantes de extrema-direita nos últimos anos, como a Itália de Matteo Salvini ou o Brasil de Bolsonaro. Mas, para a surpresa de muitos, esses líderes, ligados a ideologias de exclusão e a tendências autoritárias, se mostraram pouco ansiosos para tomar medidas estritas de controle de suas populações. A surpresa se esvai, porém, quando compreendemos a totalidade social da qual faz parte a esfera política, a complementaridade feita de hostilidade entre Estado e mercado e, sobretudo, a especificidade do capitalismo como forma de dominação sem sujeito (Kurz, 2010). A consequência lógica dessa forma de dominação pode significar a pura e simples anomia. Pode nem aparecer como governo autoritário, mas antes como governo preguiçoso, imbecil e indiferente, pronto a entregar à morte a população antes de arriscar uma redução mínima no PIB. O caso brasileiro salta à vista. Bolsonaro é, sem dúvida, o mais detestável dentre os detestáveis governantes das democracias atuais. Tendo frequentemente aplaudido o passado ditatorial brasileiro e a prática da tortura contra os opositores do regime que vigorou entre 1964 e 1985, poderíamos esperar que Bolsonaro aproveitasse a primeira oportunidade para instaurar uma nova ditadura e impor um maior controle estatal sobre a população. Mas o que se deu foi justamente o contrário. O presidente brasileiro fez de tudo para ignorar a pandemia, insistindo, ao invés disso, na necessidade de que os cidadãos não parassem de trabalhar. Ao dizer às pessoas que elas podiam seguir vivendo normalmente, viu sua popularidade cair e foi alvo de muitas críticas. Muitos apostaram em sua queda; outros, em uma virada golpista. Mas, até o momento em que uma organização mais autoritária do Estado — no sentido "político" — se torne necessária para a gestão da crise, a forma adequada assumida pela crise do valor pode se dar por meio de uma simples deflação do controle, que permite enfrentar o problema dos supérfluos não pelo extermínio direto, mas simplesmente por um "deixar morrer". Ademais, como insistiremos adiante, a crise da valorização implica também a crise do Estado, de sua legitimidade e capacidade de intervenção, acelerando o processo de corrupção. Golpes militares podem ser uma das resultantes desse processo de derrocada estatal, como também a fusão entre Estado e máfia. No caso brasileiro, Bolsonaro não deve ser visto apenas como um "capitão reformado do Exército", mas como o deputado que pressionou pela "legalização" das milícias, e que tem sua legitimidade parcialmente assente nessa forma de poder paralelo.[37]

37 As reações da esquerda brasileira aos posicionamentos de Bolsonaro revelam total incompreensão dos processos subjacentes à ordem puramente política. A esquerda tradicional sonha com o *impeachment* do presidente, como

Enquanto os dirigentes que acreditávamos ser tributários das ideologias autoritárias — ou, melhor dizendo, que a reivindicavam diretamente — hesitaram em tomar medidas restritivas, os setores ditos "progressistas" e "liberais" mostraram-se desejosos de mais controle, mais Estado, mais autoridade. Até o mais célebre jornal estadunidense, *The New York Times*, que ganhou novo prestígio graças, precisamente, ao desprezo que lhe dedica Donald Trump, não hesitou em pedir a concessão de ainda mais poderes ao presidente:

> Este comitê editorial não é, em princípio, favorável à concessão de mais poder executivo à Casa Branca, ainda mais sob este governo, dado seus antecedentes. Mas, neste caso, não há mais ninguém que possa coordenar [a crise] em nível nacional.[38]

espécie de revanche contra o *impeachment* de Dilma Rousseff, ocorrido em 2016, sem se preocupar muito com fato de que o vice-presidente é um general do Exército, igualmente autoritário, só que mais discreto. Já uma parte da esquerda radical passa o tempo imaginando um novo golpe militar (quando, na prática, os militares já estão no poder...), deixando-se levar por inclinações conspiratórias. O golpe militar (com seu inimigo evidente) é decerto um pesadelo reconfortante se comparado à realidade angustiante da dominação sem sujeito e ao Estado-máfia que é lei e crime ao mesmo tempo. A possibilidade de um golpe militar nunca estará ausente, mas é importante ter ciência de que as condições históricas são outras. A época dos militares que controlavam tudo, da política à economia, realizando, ao custo da vida de milhares de trabalhadores, obras faraônicas de usinas hidrelétricas e rodovias que cortam as florestas, acabou. Isso fazia ainda parte de um processo de modernização retardatária cujo último ato foi representado *post-festum* por Dilma Rousseff, que se mostrou herdeira dos ideais desenvolvimentistas do regime que combateu em sua juventude. Mas as pretensões desenvolvimentistas foram por água abaixo com o estouro da bolha das *commodities*, sobre a qual se sustentou a prosperidade da era Lula, e que levou de roldão o governo petista. A situação atual é de crise econômica e endividamento estatal, e as reconfigurações políticas devem ser pensadas a partir desse contexto.

38 "Coronavirus Is Advancing. All Americans Need to Shelter in Place" [O coronavírus está avançando. Todos os estadunidenses precisam se abrigar no local], *The New York Times*, 24 mar. 2020.

O raciocínio do jornal é notável. Se sabemos que uma pessoa é canalha, por que confiaríamos nela em um momento de crise? Simplesmente porque "não há mais ninguém a quem recorrer"? Não seria melhor se nos livrássemos do cretino e nos organizássemos sem ele? Se o próprio Trump não quis se aproveitar da situação para se tornar uma espécie de ditador — frustrando, com isso, inclusive, os sonhos dos antifascistas mais obstinados —, talvez seja porque ele compreendeu, melhor que seus detratores, a complementaridade entre Estado e mercado. Os auxílios que custaram bilhões ao erário estadunidense, aprovados por sua administração em contexto de crise, não vão deixar de prestar os devidos serviços às suas próprias empresas.

Para além das meras questões técnicas de ausência de máscaras ou de testes, a relação polar Estado-economia é igualmente determinante para a escolha das diferentes estratégias sanitárias adotadas (e também das reviravoltas nessas mesmas estratégias), assim como para a decisão do momento de se sair do confinamento e retomar o quanto antes o funcionamento da máquina de exploração. Por serem, por princípio, os garantidores dos direitos fundamentais dos sujeitos modernos — esses mesmos direitos que foram rapidamente suspensos por razões sanitárias —, é de se pressupor que os Estados não devam se conformar com a morte de pessoas físicas, mesmo contrariando a razão econômica. Encontramos aí um elo fixo da relação de hostilidade possível entre o Estado e a esfera da economia empresarial. E, por toda parte, vemos que uma parcela importante da opinião pública deve julgar os dirigentes com base precisamente em sua capacidade de limitar o número de mortes.

Por outro lado, porém, os Estados não são apenas garantidores das condições gerais e, em especial, sanitárias do processo de valorização. Tomados em sua relação de determinação mútua com a economia, os Estados veem sua condição de existência — que é a realização da sangria fiscal sobre o processo de valorização efetivo — ficar cada dia mais volátil. Na crise também está em jogo a sobrevivência dos Estados. O agravamento de suas condições de endividamento depende da duração do confinamento da economia. À medida que passam os dias, cresce o endividamento dos Estados e reduz-se sua capacidade de intervenção. A cada dia, aproxima-se mais o momento em que os Estados deverão se confrontar com uma escolha de Sofia entre a sobrevivência do Estado ou a de suas populações. Aqui, percebemos novamente que a saída por meio de uma gestão da crise mantida sobre as bases inalteradas da vida sob o capitalismo "só pode levar à cumplicidade com o sacrifício humano" (Kurz, 2014, p. 375).

Em pouco tempo, ficou claro que o prolongamento da paralisia trazia consigo o risco do colapso econômico, e as pressões exercidas sobre a razão sanitária estatal se tornaram cada vez mais intensas. Já no dia 2 de abril de 2020, a Alemanha reabriu suas fronteiras aos trabalhadores agrícolas, imigrantes do Leste Europeu e outras regiões; no Irã, vastos setores da economia haviam sido retomados desde o dia 10 de abril; e Trump anunciava seu desejo de uma retomada rápida da economia nos Estados Unidos antes da Páscoa.[39] Sob crescente pressão do patronato e com a ameaça de uma longa recessão mundial, os Estados se veem no dever de relaxar as restrições e reiniciar "os moinhos satânicos" do capitalismo. "Precisamos de uma continuidade econômica. [...] É necessário haver uma 'economia sob covid'", martela Patrick Martin, CEO do grupo Martin Belaysoud Expansion e vice-presidente do Medef, o movimento das empresas francesas. Se, em sua maior parte, a crise sanitária for resol-

39 O presidente acabou sendo dissuadido pelos especialistas de sua *task force*, que o confrontaram com previsões de enormes perdas populacionais. As diretivas nacionais de distanciamento social foram mantidas por mais quinze dias, até o final de abril, e depois a responsabilidade de retomada foi passada para os governos regionais.

vida no curto prazo pelo confinamento, então os Estados poderão manter a unidade contraditória da razão sanitária e da razão econômica por meio de uma conciliação momentânea. Porém, se a situação sanitária não melhorar drasticamente em um curto espaço de tempo, ou se depois do desconfinamento os meios mobilizados não forem suficientes para passar à estratégia nº 1, ou, ainda, se após seis meses a vacina anunciada não estiver disponível, então a unidade contraditória implodirá, e a lógica sacrificial que contém objetivamente a reprodução primária da sociedade vai se impor sobre a razão sanitária. O processo de valorização será retomado em meio a uma situação sanitária não controlada, e essa retomada precoce poderá constituir as condições de uma segunda onda da pandemia. Essa situação já é antecipada por uma parcela da ideologia reificada dominante — ela mesma parte da realidade objetiva do funcionamento real e insano da valorização autotélica — que quer desde já desmembrar a unidade contraditória da razão sanitária e da razão econômica.

Em um quadro tal, nada mais será controlável. A reprodução-fetiche da vida humana, cujo núcleo consiste na simples transformação de 100 dólares em 110, deve abrir imensamente a boca para tudo devorar. Sangue para o deus do sangue: eis, daqui em diante, a mensagem da economia sacrificial. A crise apenas começou e, nela, o caráter autofágico da sociedade capitalista ficará cada vez mais evidente. É nessa situação futura que o colapso da modernização, acelerado pela crise do coronavírus, poderá assumir novas faces aterrorizantes, no momento em que a indústria financeira, diante de uma ausência prolongada de qualquer portador de esperança possível no âmbito da economia real ou de um novo acesso fulminante ao terreno das "dívidas soberanas", ameaça colapsar em proporções nunca antes vistas, levando com ela tudo aquilo que ainda resta de um capitalismo sem acumulação real de mais-valor.

Se quase todos os Estados, até os mais recalcitrantes, pararam parte da economia, esse fato excepcional não invalida a tese da superioridade estrutural do pólo econômico na sociedade fetichista mercantil. Na modernidade, a esfera político-estatal é sempre uma esfera derivada e secundária em relação à economia. Se, em tempos de grave crise, a produção e até mesmo a indústria financeira se encontram aparentemente subordinadas a uma reprodução geral ("sistêmica") prioritária, essa situação é apenas momentânea. Uma prova do caráter derivado e secundário da esfera político-estatal, se ainda for necessária, pode ser encontrada na multiplicação dos "Estados falidos" desde os anos 1980, na sequência do fracasso das modernizações retardatárias. Quando menos trabalho abstrato é utilizado, substituído por um novo impulso de racionalização (terceira e quarta revoluções industriais), ou quando simplesmente o capital-dinheiro foge das zonas onde se encontram os indivíduos não rentáveis, então o conjunto das esferas funcionais derivadas e secundárias (em particular a esfera político-estatal) relativas à reprodução geral da relação capitalista se vê em dificuldade. Não assistiremos a uma reestruturação do capitalismo em um novo capitalismo de Estado, como foi o caso a partir dos anos 1930 e durante o período do "*boom* fordista". Quando o processo de valorização rui por seu limite interno absoluto, logo que a economia colapsa, a possibilidade de punção sobre o processo de valorização se reduz, e a possibilidade de esse processo ser financiado nos mercados obrigacionistas fica mais restrita. A crise da valorização destrói o fundamento e a legitimidade das instituições políticas, produz o esvaziamento da política ao minar as bases da capacidade de intervenção do Estado e transforma essa esfera em um neoestado de exceção gestor da crise. A esfera político-estatal torna-se disfuncional, e esse processo toma formas diversas e por vezes combinadas de corrupção do aparato estatal, de jogos de poder entre clãs estatais, de golpes de Estado militares e, ainda, em casos limites, de Estado falido. É o exemplo do Estado haitiano, que desde fevereiro de 2020 viu uma aceleração do processo de colapso característico de uma sociedade capitalizada mergulhada em uma guerra civil, na qual se enfrentam grupos criminosos armados, máfias e retalhos do aparato estatal (polícia e Exército) transformados em milícias rivais.

Nos próximos meses, a crise da covid-19 deve induzir a desintegração de inúmeras sociedades, e o número de Estados falidos ou pobres deve aumentar consideravelmente. Trata-se de um processo que deve pôr fim às "modernizações retardatárias", sustentadas pela "bolha das bolhas" inflacionada após 2008, se é que este processo já não havia sido interrompido em 2015 com o *crash* da bolha das *commodities*.

> A essa altura, os países árabes estão divididos entre aqueles que são ricos e detêm enormes reservas de divisas estrangeiras, tendo condições de ajudar a financiar impressionantes planos de assistência econômica, e os demais, pobres, que procuram desde já saber como irão financiar as necessidades básicas, uma vez que as instituições financeiras internacionais hesitam em consentir empréstimos arriscados. Em cada um dos países da região, tanto nos ricos quanto nos pobres, há uma dupla guerra de sobrevivência acontecendo simultaneamente: uma por parte dos governos, que tentam proteger as economias de seus países; a outra por parte dos cidadãos, que procuram alternativas perante a impotência dos seus governos.[40]

O oceano dessas zonas de colapso deve passar por uma maré cheia sob o efeito da crise do novo coronavírus, e o número de ilhas de "normalidade capitalista" deve diminuir. Estas devem seguramente reforçar, em prol de razões pseudossanitárias,

40 BAREIL, Zvi. "La crise économique pourrait entraîner l'effondrement de nombreux États arabes" [A crise econômica poderá provocar o colapso de vários Estados árabes], *Courrier international*, 11 abr. 2020.

suas lógicas de exclusão perante a migração de "supérfluos" e refugiados vindos de espaços em colapso.

Não é à toa que, apesar das hesitações, e independentemente das nuances entre os "notáveis" que nos governam, em seu momento mais premente a crise pandêmica resultou na imposição de regimes de exceção por toda parte, mais ou menos extremos, dependendo do local, mas com medidas restritivas similares que se estenderam em escala global. Isso vai além das aparentes divergências ideológicas expressas pelos diferentes atores da esfera política. Se alguém ainda acreditava que votar em Emmanuel Macron, Jean-Luc Mélenchon ou Marine Le Pen fazia alguma diferença, eis um bom momento para se livrar dessa ilusão.[41] Os momentos de crise nivelam de forma ainda mais evidente as ações dos Estados.

Apesar dessa evidência, é muito mais provável que a crise de covid-19 venha, na verdade, acelerar um processo de afirmação paradoxal da "primazia da política", em que o Estado se apresenta como administrador do desastre e induz sempre mais à suspensão do "estado de normalidade" capitalista-democrático em prol de um estado de exceção permanente. Quando o sujeito da mercadoria colapsa, leva consigo todo o corpo jurídico que o acompanha; liberdades públicas e privadas são suspensas. Em inúmeros Estados, a violência policial não tem conhecido limites. Na Nigéria, as forças de segurança mataram dezoito pessoas acusadas de não terem respeitado as medidas do confinamento, segundo a contagem da Comissão dos Direitos Humanos.[42] Em meados de abril, "a repressão fez mais mortos que o vírus, que matou doze pessoas".[43] Nas Filipinas, o presidente Rodrigo Duterte ameaçou os habitantes

41 Referência aos candidatos à presidência da República nas eleições francesas de 2017 identificados com o neoliberalismo (Macron), a esquerda (Mélenchon) e a direita (Le Pen). [N.E.]

42 "Les Faits du Jour" [Os fatos do dia], *Libération*, 16 abr. 2020.

43 *Idem*.

da capital, Manila, com a lei marcial caso o confinamento não seja bem respeitado. "Peço somente um pouco de disciplina. Caso não acreditem em mim, então o Exército e a polícia assumirão a tarefa", disse, em discurso na televisão. "O Exército e a polícia vão impor o distanciamento social no momento do toque de recolher. É como a lei marcial. Vocês escolhem."[44]

Trata-se, em suma, de acelerar um processo já em curso. Desde o início dos anos 2000, com a crise da *new economy*, e depois com a crise global de 2008, assistimos a uma afirmação vazia da "primazia da política". É uma afirmação oca, pois a crise fundamental da valorização esvazia também o conteúdo da soberania estatal. A desintegração de parte dos Estados capitalistas começou nos anos 1980, em diversas periferias colapsadas. A primazia da política se dá apenas como administradora do desastre e operadora de um estado de exceção que se torna cada vez mais permanente, inclusive nos centros e não mais apenas nas periferias colapsadas. Mas, mesmo aí, a política está fadada ao fracasso, já que os próprios Estados só podem se afirmar como gestores da crise por meio de um profundo endividamento. A corrupção generalizada que reina em tantos Estados das periferias é prova disso. A "primazia da política" é, portanto, em si, paradoxal: um efeito da crise da valorização que, ao mesmo tempo, destrói o fundamento e a legitimidade das instituições políticas, minando a capacidade de intervenção dos Estados.

44 "Coronavirus: le président philippin menace de loi martiale" [Coronavírus: o presidente filipino ameaça com a lei marcial], *Le Figaro*, 17 abr. 2020.

— CAPÍTULO 4 —

Crisis in progress: crise do coronavírus, capital fictício e processo de crise fundamental

O choque econômico e social do "grande confinamento" é inédito desde os anos 1930. O FMI prevê uma contração de 3% do PIB mundial em 2020, a Zona do Euro sofrerá uma contração de 7,5%, seguida pelo Reino Unido e pelos Estados Unidos, com quedas de 6,5% e 6%, respectivamente. A China viu uma queda em seu PIB de 6,8% ao longo de março de 2020. Por todos os lados, a crise econômica — resultante de um duplo choque da oferta e da demanda — já é social: a perda de renda das famílias foi de onze bilhões de euros apenas no primeiro mês de confinamento, com destaque para as pessoas demitidas ou sob a condição de desemprego parcial. Foram 22 milhões de desempregados nos Estados Unidos, quase duzentos milhões de empregos destruídos no mundo, reduzindo consideravelmente a renda de mais de 1,25 bilhão de pessoas.[45] Meio bilhão de pessoas se encontram em vias de se juntar aos 3,4 bilhões de habitantes que já vivem com menos de 5,5

45 HIAULT, Richard. "Coronavirus: le monde au bord d'une explosion sociale majeure" [Coronavírus: o mundo à beira de uma grande explosão social], *Les Échos*, 21 abr. 2020.

dólares por dia.[46] Cerca de 250 milhões de pessoas vivem sob a ameaça de passar fome até o fim do ano.[47] As populações mais atingidas são as dos países onde o setor informal é o mais importante, e onde não existe capacidade administrativa ou financeira de oferecer subsídios aos desempregados ou de socorrer pequenas empresas; enfim, são os países onde o Estado pode apenas endossar as vestes de administrador do desastre sob sua forma policial e repressiva, deixando morrer os infectados e os "supérfluos".

As relações entre a crise do coronavírus e a continuidade do processo de crise fundamental são diversas. A crise atual constituirá um novo impulso da tendência estrutural já em curso, de um funcionamento por antecipação de produção futura de mais-valor. Com a crise de covid-19, um novo andar, "quatro estrelas", está em vias de ser colocado no alto do castelo de cartas do capital fictício. Por outro lado, numerosos Estados pobres não poderão se tornar gestores eficientes da crise e desempenhar o papel de "credor e salvador da sociedade capitalista em última instância". Isso significa que a repro-

46 ALBERT, Eric; BOUISSOU, Julien & MADELEINE, Béatrice. "Le confinement provoque une crise sociale mondiale" [O confinamento provoca uma crise social mundial], *Le Monde*, 22 abr. 2020; HIAULT, Richard. "Coronavirus: l'Asie risque une explosion de la pauvreté" [Coronavírus: Ásia corre o risco de uma explosão de pobreza], *Les Échos*, 31 mar. 2020.

47 Segundo relatório publicado em 12 de abril de 2020 pela Organização das Nações Unidas para Alimentação e Agricultura (FAO) e pelo Programa Alimentar Mundial, o número de pessoas que se encontram no limiar da fome tinha passado de 113 para 135 milhões em 2019. O relatório também observa que, com a crise do coronavírus, que provoca o bloqueio dos canais de fornecimento de insumos agrícolas em pleno período de plantação na África — sementes, pesticidas e grãos fornecidos por firmas agroalimentares, que tiveram que ser retidos nos navios de carga e em contêineres bloqueados nos portos —, "o número de pessoas que sofrem severamente de fome poderia dobrar [...] atingindo, então, mais de 250 milhões até o fim de 2020". Ver "Coronavirus: la crise alimentaire, l'autre bombe sociale" [Coronavírus: crise alimentar, a outra bomba social], *Les Échos*, 23 abr. 2020.

dução de inúmeras sociedades, já muito limitada em certos países, cairá por terra. Muitas irão se desarticular ainda mais, e se assistirá ao recrudescimento da pobreza e à proliferação de Estados falidos. Ao menos uma parte das cadeias de produção do processo de valorização e de suas bases produtivas, que tornam possíveis as funções do Estado (notadamente, as sanitárias), será reestruturada.

Desde 3 de fevereiro de 2020, a bolsa de valores de Xangai caiu 7,7%, inaugurando um *crash* mundial do mercado de ações que se acelerou entre os dias 12 e 16 de março. A crise da covid-19 emperrou, momentaneamente, o mecanismo da multiplicação exponencial do capital fictício. O sistema frágil, que acumulou uma gigantesca montanha de dívidas ao longo das últimas décadas neoliberais, quase não pode mais suportar os "choques externos", tornando-se cada vez mais instável. Esta frágil torre de endividamento nos mercados financeiros mundiais, vigiada como leite no fogo por todas as instituições monetárias e financeiras, esteve à beira de desmoronar graças à pandemia e poderia ter desencadeado um novo impulso de crise, ainda mais forte. O *crash* que começou em meados de fevereiro ainda oscilou, mas em meados de março já havia causado uma desvalorização líquida de aproximadamente 30% nos mercados acionários do mundo inteiro.

Uma operação "mais rápida que o *crash*" foi lançada prontamente pelos governos e bancos centrais, a fim de suspender sua progressão por meio de intervenções massivas e coordenadas. As Filipinas, por exemplo, fecharam sua bolsa de valores por dois dias. Com a parada da economia, o que está em jogo é sobretudo o vínculo elástico entre a economia real e a multiplicação do capital fictício — vínculo que, se desestabilizado, pode levar à aceleração do processo de crise fundamental. A inversão da relação entre capital em funcionamento e capital fictício foi sempre possível graças ao elástico que ainda prende a multiplicação do capital fictício ao capital em funcionamento empregado na esfera do trabalho abstrato da economia empresarial. As milhões de mortes antecipadas pelos epidemiologistas na ausência de confinamento, assim como a parada parcial da economia real "não essencial", administrativamente decidida pelos "capitalistas coletivos ideais", fazem volatilizar no médio prazo o conjunto dos "portadores de esperança" que se referem ao capital em funcionamento, e são o limite lógico para a multiplicação do capital fictício. Isso pode ser visto com clareza na transmissão da crise, da paralisação do aparelho produtivo ao *crash* das bolsas em meados de março de 2020. Mas, se o soldado da indústria financeira tomba, corre-se o risco de se ver colapsar o conjunto do regime de acumulação por captura antecipada de produção futura de mais-valor. Não à toa, todas as cartas foram rapidamente colocadas sobre a mesa, com as colossais políticas monetárias avançadas pelos bancos centrais e com os gigantescos programas orçamentários que os Estados empenharam para salvar as aparências.

Na perspectiva de uma simples gestão interna das perturbações da economia mundial provocadas pelo Sars-CoV-2, os que tomam decisões políticas nos países desenvolvidos não podem fazer outra coisa além de dar prosseguimento ao enraizamento da política monetária disfuncional que levará à próxima crise, exacerbando o superendividamento da economia mundial. As intervenções dos Estados por meio das políticas monetárias dos bancos centrais, as políticas orçamentárias faraônicas e o apoio oferecido às empresas e às famílias são, em sua loucura, coerentes e apropriados. Desta vez, a unidade de medida, com a qual as ações estatais de resgate podem ser quantificadas de maneira significativa, não parece ser mais o bilhão, mas o trilhão — elevação exponencial com uma tendência ao infinito. Os bancos centrais sacaram suas armas em meados de março, a partir dos primeiros sintomas do *crash* financeiro: redução nas taxas básicas de juros, criação monetária e resgate de títulos do mercado da dívida. O Banco Central dos Estados Unidos injetou 1,5 trilhão de dólares a mais no mercado monetário a partir da semana do dia 15 de março de 2020, e um trilhão por semana até o dia 13 de abril. A fim de alimentar os bancos com liquidez, também rebaixou em um ponto suplementar as suas taxas básicas de juros, doravante entre 0% e 0,25%. O Banco Central dos Estados Unidos deve oferecer dinheiro gratuito do mesmo modo que havia feito na esteira da crise de 2008. A queda de suas taxas básicas de juros foi considerável, comparada aos 2,5%-2,25% atingidos em dezembro de 2018, e o mesmo padrão se repetiu nos mais diversos bancos centrais. A instituição deve ainda fazer reaquisições massivas da dívida bancária, empresarial e imobiliária, por um montante de ao menos setecentos bilhões de dólares. Todos os bancos centrais seguirão esses mesmos programas de apoio aos mercados da dívida, em proporções menores.[48] Por sua vez, os Estados recorrem à artilharia pesada de vastos "pacotes de medidas", pendendo para dois eixos: os planos de resgate e, depois, os planos de recuperação. Para evitar os problemas de tesouraria nas empresas, eles garantem massivamente empréstimos bancários concedidos ao setor privado (o Estado francês deve assegurar cerca de trezentos bilhões de euros em empréstimos até o final do ano).

Cumprindo a fórmula pronunciada pelo presidente francês, Emmanuel Macron, em 12 de março — "Tudo será feito para proteger nossos assalariados e nossas empresas, custe o que custar" —, são disparados planos de socorro emergencial às empresas, aos desempregados e às famílias. Nos Estados Unidos, o Estado providencia duzentos bilhões de dólares de ajuda, depois acrescenta quinhentos bilhões a partir do dia 21 de

48 No Brasil, o Banco Central anunciou, no final de março de 2020, um pacote de medidas voltado para o mercado financeiro com potencial de injeção de liquidez de 1,193 trilhão de reais — valor muito superior aos 117 bilhões de reais liberados aos bancos do país na crise de 2008.

abril, direcionados às pequenas e médias empresas;[49] o Estado alemão, 1,1 trilhão de euros;[50] o Estado canadense, 82 bilhões de dólares canadenses; o Estado italiano, cinquenta bilhões de euros. Além disso, os Estados aplicam diversas medidas para contrabalançar o desemprego. Na Europa, as medidas estatais de financiamento do desemprego parcial são massivas,[51] e Macron fala abertamente da "nacionalização dos salários".[52] Nos Estados Unidos, ao indenizar 22 milhões de

49 Em apenas dois meses, os Estados Unidos lançaram quatro planos de ajuda. O primeiro, de dois trilhões de dólares, comportando 250 bilhões de dólares para um novo seguro desemprego federal (entregadores de aplicativos têm direito ao benefício; se um assalariado for demitido, ele recebe seiscentos dólares por semana, pagos pelo Estado, e recebe mais entre duzentos e 550 dólares por semana do governo estadual). O Tesouro estadunidense desbloqueou quinhentos bilhões de dólares para dar imediatamente poder de compra às famílias, oferecendo um cheque de 1,2 mil dólares por pessoa e quinhentos dólares adicionais por criança. Além disso, mais de 350 bilhões de dólares serão utilizados para ajudar as pequenas e médias empresas sob a forma de empréstimos. Esse plano se chama Paycheck Protection Program [Programa de proteção do salário] (PPP). O primeiro PPP, que atingirá trinta milhões de assalariados, é, na realidade, uma forma de nacionalização dos salários via empréstimos, que podem se tornar subvenções se a empresa conserva seu nível de emprego e de salários depois da crise.

50 O volume desse programa, que representa quase um terço da riqueza total produzida pelo país em um ano, é "sem precedentes para a Alemanha desde a Segunda Guerra Mundial", segundo as palavras do ministro das Finanças e vice-chanceler, Olaf Scholz. Foram criados fundos de socorro para grandes empresas dotados de seiscentos bilhões de euros, dos quais quatrocentos bilhões são garantias para as dívidas das empresas, cem bilhões para os empréstimos ou investimentos de capital nas empresas (fala-se de seminacionalização, por exemplo, da companhia aérea Lufthansa) e ccm bilhões para sustentar o banco de investimento público KfW.

51 Diversos Estados anunciaram que cobririam partes significativas dos salários dos trabalhadores se as empreses não demitissem seus funcionários. Apenas para citar alguns exemplos, no Reino Unido, o Estado se propôs a garantir 80% do salário; na Holanda, 90%; na Bélgica, 70% mais um subsídio de seis euros por dia; na Espanha, 70%, proibindo as demissões em 27 de março.

52 "We are at a moment of truth" [Estamos na hora da verdade], *Financial Times*, 14 abr. 2020.

desempregados e pagar os salários de trinta milhões de trabalhadores durante três meses, o Estado assumiu diretamente a renda de quase um terço dos 159 milhões de assalariados do país. Mesmo no Brasil, onde as medidas sociais foram escassas, um "coronavoucher" de seiscentos reais foi concedido aos trabalhadores informais, inicialmente durante três meses. O conjunto de medidas monetárias e orçamentárias acaba por conter o *crash* dos mercados financeiros, limitando-o a uma baixa de aproximadamente metade do que ocorreu em 2008.

Em um artigo publicado no jornal francês *Le Monde*, de resto estúpido, o economista Fabien Tripier escreve:

> O Estado é, portanto, o ator principal. Credor em última instância durante as crises bancárias (para salvaguardar a confiança na moeda e no sistema bancário), ele intervém na crise atual já como empregador em última instância (assumindo o desemprego parcial), como comprador em última instância (compensando às empresas uma parte de suas perdas no volume de negócios) e, amanhã, como acionista em última instância (quando será necessário recapitalizar as grandes empresas em grave dificuldade). No fim das contas, o Estado é o garantidor em última instância diante do risco do desastre. Ele é o único que pode suportar o custo econômico quando este atinge 20% do PIB, mas esta carga deve ser em seguida partilhada equitativamente entre as gerações e as categorias sociais. A questão da taxação dos elevados rendimentos e das multinacionais, no centro do debate antes da crise da covid-19, tornar-se-á rapidamente central. Sem um sistema fiscal justo e eficaz, o Estado não pode desempenhar plenamente seu papel de assegurador em última instância diante do risco de desastre que hoje lhe é demandado pelo conjunto da sociedade.[53]

53 "Coronavirus: Ne pouvant éliminer le risque de désastre, il faut en limiter le coût économique et social" [Coronavírus: sem condições de eliminar o risco de desastre, é preciso limitar o custo econômico e social], *Le Monde*, 6 abr. 2020.

Os bancos centrais devem dar todo espaço aos Estados para que eles se façam "credores em última instância" e assumam o papel de administradores do desastre. Trata-se de garantir que eles disponham o mais rápido possível de liquidez para absorver o choque socioeconômico e, em seguida, "recuperar" a economia. O Banco Central Europeu (BCE) injetou 770 bilhões de euros para sustentar o mercado da dívida. O objetivo não é financiar diretamente os Estados (as regras do BCE o proíbem), mas dar aos investidores a certeza de que poderão revender seus títulos às instituições monetárias, permitindo assim aos Estados a emissão de títulos da dívida com taxas de juros inferiores — pelo menos, a 2%. Arrogando-se a possibilidade de comprar sem limites as obrigações dos Estados junto aos compradores de títulos, o BCE implementa, assim, medidas de manutenção da demanda no mercado da dívida, buscando evitar a depreciação dos títulos da dívida dos Estados no balanço contábil dos bancos sistêmicos. No dia 20 de março de 2020, a Comissão Europeia, na voz de Ursula von der Leyen, anuncia o outrora impensável: a suspensão do Pacto de Estabilidade e Crescimento, ou seja, das regras de disciplinas orçamentárias impostas aos Estados da Zona do Euro. A partir de agora, os Estados poderão agir como intermediários na "luta contra a recessão" sem ter mais que respeitar os limites de 3% do PIB para o déficit público e de 60% do PIB para a dívida. A medida é inédita e não foi proposta em nenhum momento durante a crise financeira de 2008 ou durante a crise da dívida da Zona do Euro, em 2011. Em caso de colapso econômico, as regras orçamentárias notórias — inclusive os freios ao endividamento na Zona do Euro — são suspensas a fim de dar aos Estados-membros maior margem de manobra financeira na luta contra a crise. Propostas que, pouco antes da crise, teriam significado o fim de uma carreira política, são nesse contexto introduzidas como uma boia de salvação.

O ministro da Economia alemão, Peter Altmaier, anunciou que, se necessário, as empresas estrategicamente importantes seriam nacionalizadas para proteger setores altamente sensíveis da economia. Fala-se, novamente, de "dinheiro do helicóptero" como meio de contrapor o colapso da demanda pela impressão direta de moeda e de doação de dinheiro líquido às populações. O Banco Central Europeu, desde o início da crise, tentou impedir o colapso iminente do setor financeiro italiano, que sofre com uma gigantesca montanha de dívidas, de obrigações de crédito duvidosas e de uma relação dívida/PIB de aproximadamente 130%. Afinal, o colapso da Itália poderia impulsionar uma nova crise na Zona do Euro. Em 9 de abril de 2020, outro tabu caiu: o Banco Central da Inglaterra, com seu poder de criação monetária, decide financiar diretamente o Estado britânico em certas despesas, a fim de evitar uma dependência muito grande em relação ao mercado de obrigações. Essa "monetização da dívida" por meio da criação monetária, permitindo que os Estados se financiem diretamente junto aos seus próprios bancos, comporta sempre o risco de fazer colapsar o valor das moedas.

"Os Estados entram em uma era de dívidas colossais", era a manchete do *Le Monde* em 4 de abril de 2020. A crise do novo coronavírus, com o conjunto de planos de salvamento (sem contar os planos de recuperação que se seguem)[54] ao redor do planeta, atinge já 2,6% do PIB mundial, ultrapassando amplamente os esforços feitos durante a crise de 2008 (1,7%) e iniciando, assim, o arranque da quinta onda de dívidas em escala mundial. Como a dívida pública dos países emergentes já havia passado de 33,8% do PIB em 2008 para 53,3% em 2019,

54 A Comissão Europeia, que já havia aventado a possibilidade de um plano de resgate de até um trilhão de euros na cúpula europeia de 24 de abril, apresentou, no final de maio, um plano de retomada econômica oferecendo 750 bilhões de euros em empréstimos para os países membros, com uma dívida partilhada. Ver "La Commission européenne propose un plan de relance de 750 milliards, empruntés en commun" [A Comissão Europeia propõe um plano de retomada de 750 bilhões, com empréstimo em comum], *Le Monde*, 27 mar. 2020.

a partir de agora "certas economias emergentes e em desenvolvimento poderiam rapidamente ser sobrepujadas pelo custo da crise", alerta o FMI.[55] A maior parte da dívida emitida pelos Estados na Zona do Euro em 2020 será reencontrada, de toda maneira, no balanço do BCE à medida que forem feitas as recompras de dívida de obrigação.[56] Desde o estouro das grandes bolhas (2000 e 2008), passou-se aos solavancos e, a partir de agora, de maneira definitiva de um "Estado vigia noturno" neoliberal, que estava largamente "desnacionalizado", para um Estado de crescente intervenção na economia, a qual, aliás, pode ser, em parte, "renacionalizada". Desde o outono de 2008, com os primeiros raios da dupla crise de superacumulação (de capital em funcionamento e de capital fictício), os Estados e os bancos centrais viram suas funções subvertidas, transformando-se em substitutos do setor privado na produção de capital fictício. Através da emissão de dívidas de Estado e da recompra de títulos de propriedade pelos bancos centrais, a bolha estatal tornou-se o fator principal da formação de capital fictício, mas também o ponto de partida de toda próxima crise. A crise do coronavírus vai atuar nessas alterações múltiplas de maneira definitiva como uma nova fase do processo de crise fundamental encabeçado pelo papel dos Estados como administradores do desastre. Menos de um mês após o vasto programa de apoio ao mercado de dívida pelo BCE, "as primeiras rachaduras aparecem", quando já se observa uma elevação de 2,26% da taxa de dez anos italiana e os custos do financiamento dos Estados espanhol, português e grego começam a saltar.[57]

55 O FMI dispõe de cem bilhões para ajudar esses Estados. Ver BOUISSOU, Julien. "Le FMI prédit une récession mondiale historique" [O FMI prevê uma recessão mundial histórica], *Le Monde*, 16 abr. 2020.

56 "Le programme anticrise de la BCE déjà mis à l'épreuve" [O programa anticrise do BCE já posto à prova], *Les Échos*, 23 abr. 2020.

57 *Ibidem.*

Tudo repousa ainda na crença dos credores na capacidade dos Estados de reembolsar posteriormente suas dívidas, extraindo *in fine* por vias fiscais uma massa social de valor novo que será produzido no futuro. É verdade que Estados já estiveram mais endividados do que hoje — por exemplo, depois das guerras napoleônicas, no século XIX, ou das guerras mundiais, no século XX, quando a dívida de diversos Estados ultrapassava os 200% em relação ao PIB. Mas essas dívidas colossais foram reembolsadas graças aos *booms* econômicos que se seguiram a esses conflitos, e que estiveram ligados a diferentes fatores: aumento do ímpeto de produção, tornado possível pela primeira, segunda e terceira revoluções industriais; inflação causada pela queda da oferta decorrente da destruição das capacidades produtivas; e necessidade, sem precedentes, de reconstrução dos territórios devastados.

A situação, hoje, é muito diferente. A deflação está presente em todos os lugares, notadamente na Europa, e a queda livre do petróleo vai empurrar os preços ainda mais para baixo; as promessas de uma nova elevação da compulsão pela produtividade graças à "indústria 4.0" ainda não passam de promessas; nenhuma capacidade de produção foi destruída e o excesso de capacidades produtivas já acarretam muitas consequências à China e alhures. A desaceleração da economia mundial já estava bem firmada antes mesmo da covid-19. Assim, no futuro, há um risco ainda maior de que se vejam estourar bolhas estatais alimentadas à força de hormônios de crescimento durante a pandemia. Foi o que se viu na Europa, com o debate sobre os "*coronabonds*",[58] ou ainda sobre a anulação dos juros da dívida para a África subsaariana.

58 Proposta de mutualização da dívida europeia, permitindo a emissão de títulos da União Europeia para angariar recursos a serem usados na retomada econômica. Provocou vivos debates na França, onde os setores à esquerda acusaram o governo liberal de estar usurpando a ideia dos "*eurobonds*". Ver: "'Coronabonds': comprendre la bataille des mots qui cache le vrai débat sur

São grandes os riscos de que assistamos ao retorno das crises nas dívidas soberanas. O futuro desse imenso castelo de cartas — que já alcança o céu e, cada vez mais, ameaça nos soterrar com o menor sopro — repousa apenas na crença dos credores de que as políticas estatais serão capazes de dar novo impulso à esfera da valorização após o fim do confinamento. Considerada no quadro mais amplo do processo de crise fundamental da valorização e compreendida no âmbito do regime atual de acumulação, que funciona estruturalmente pela antecipação da produção futura de mais-valor, a nova crise é apenas um novo acesso de febre. Trata-se de mais uma etapa na ampliação da bolha de dívidas que a sociedade capitalista mundial, crescentemente desamparada, empurra diante de si.

la solidarité européenne" ["*Coronabonds*": compreender a batalha das palavras que esconde o verdadeiro debate sobre a solidariedade europeia], *Le Monde*, 30 abr. 2020.

— CAPÍTULO 5 —

A vida que pode ser tão pouco: vigilância e sobrevivência ampliada

Independentemente do que vier depois, a situação pandêmica nos mostrou a que pode ser reduzida a vida quando chega a crise e o sujeito da mercadoria desmorona. Por um lado, a vida individual fica reduzida ao aspecto puramente biológico, passível de ser submetida a todo tipo de controle, os mais intrusivos possíveis, por parte do Estado, tudo em nome da saúde pública. Por outro lado, a vida social é esvaziada, empurrada para a mediação pela imagem, separada de seu mundo físico e deportada para as telas — pelo menos para aqueles cujas atividades podem ser executadas por trabalho remoto, ou aquilo que em vários países foi convenientemente denominado de "teletrabalho". O que resta é uma vida premida entre as tecnologias espetaculares da vigilância e as tecnologias espetaculares do consumo. Os países do Ocidente, outrora os pioneiros das tecnologias de entretenimento, podem agora seguir o exemplo dos países orientais, que em matéria de vigilância parecem abrigar a excelência.

A ideia defendida por Gianfranco Sanguinetti de um despotismo ocidental que nasce em analogia e em oposição ao despotismo oriental, e que precisa dar provas de sua eficácia no "mesmo terreno",[59] encontra aqui pelo menos um sentido concreto. A China criou um horripilante sistema de vigilância que está sendo desenvolvido a toque de caixa. Não passa uma semana sem que os jornais ocidentais anunciem, com um misto de maravilhamento e espanto, a invenção de um novo dispositivo de controle nesse país que já possui o maior sistema de câmeras de reconhecimento facial do mundo, e há pouco tempo começou a usá-las nas escolas com o objetivo de avaliar as reações dos alunos. Para aqueles que querem escapar à leitura facial, outros sistemas de reconhecimento foram criados pelos chineses, como o que identifica as pessoas pela forma de andar.[60] Finalmente, a China começou a testar um sistema de crédito social que atribui pontos aos cidadãos a partir de dados de *Big Data*.[61] Os hábitos cotidianos que as redes tornam possível registrar — o que lemos e escrevemos na internet, por exemplo — são utilizados para classificar as pessoas dentro de uma hierarquia social. Depois do estouro da epidemia, esses sistemas de controle baseados no *Big Data* e na vigilância da vida privada foram colocados a serviço do combate ao coronavírus. O mesmo sistema foi empregado na Coreia do Sul, uma sociedade militarizada onde a importância da tecnologia para o controle da população é análoga ao que se encontra na China. No Ocidente, ouvem-se vozes se levantando para louvar a eficácia de tais dispositivos testados por países do Oriente: lá, o controle da epidemia teria sido mais exitoso, por vezes

59 SANGUINETTI, Gianfranco. "Le Despotisme Occidental" [O despotismo ocidental], *Médiapart*, 15 abr. 2020.

60 "A China já pode identificar seus cidadãos só pela forma de andar", *El País Brasil*, 10 nov. 2018.

61 "How China Is Using 'Social Credit Scores' to Reward and Punish Its Citizens" [Como a China está usando "pontuação de créditos sociais" para premiar e punir seus cidadãos], *Time*, 16 jan. 2019.

até mesmo sem medidas de restrição que detêm a economia, como ocorreu especialmente na Coreia do Sul.[62]

A suposta eficácia no controle da epidemia servirá talvez de argumento para a importação de técnicas e políticas de vigilância das populações, já correntes na China e na Coreia do Sul,[63] que hoje ainda podem parecer inaceitáveis ou são contestadas em países onde subsiste um resíduo de ideologia democrática — mas que poderão deixar de ser problemáticas em razão da segurança sanitária. A tecnologia de controle será quiçá a grande artilharia da China que jogará por terra os resíduos de liberdades individuais no Ocidente. Desde há muito, o progresso digital e das tecnologias móveis servem para criar uma imensa máquina de produção e de gestão de dados pessoais nos países do capitalismo avançado, construindo um conjunto de informações sobre os indivíduos que vai além das ambições mais mirabolantes dos Estados totalitários do século XX. A dimensão do controle permanece, entretanto, escondida embaixo de outras formas de legitimação, mais adequadas às "democracias liberais": pelo "consentimento" e pela "anonimização dos dados", salvaguardas aparentes das liberdades, os indivíduos entram "de bom grado" na sociedade de controle. É importante notar, todavia, que a ideologia liberal ainda serviu para impor alguns limites ao uso desses dados pelo Estado, ao mesmo tempo que o Estado pôde por vezes impor certos limites ao uso desses dados pelas empresas.

62 "How South Korea Flattened the Curve" [Como a Coreia do Sul achatou a curva], *The New York Times*, 23 mar. 2020.

63 A forma atual do poder estatal na Ásia deve ser entendida em termos sócio-históricos e em relação ao colapso da modernização. Embora não possamos discutir essa questão aqui, é importante demarcar nossa distância em relação a explicações culturalistas que apresentam o autoritarismo como inerente aos povos asiáticos, como faz Byung-Chul Han ao associar a situação dos Estados asiáticos a uma "mentalidade autoritária oriunda de sua tradição cultural (o confucionismo)". Ver "La emergencia viral y el mundo de mañana. Byung-Chul Han, el filósofo surcoreano que piensa desde Berlín", *El País*, 22 mar. 2020.

Em nome da saúde pública, os limites serão flexibilizados em ambos os sentidos, favorecendo um uso indiscriminado desses dados. Esse processo, já em curso antes da crise, conheceu uma aceleração rápida no contexto atual. Ninguém se surpreende mais ao ler artigos que se utilizam de dados privados em nome da informação, como os reconfortantes gráficos animados que seguem os percursos da circulação do vírus graças aos dados de telefones celulares dos indivíduos infectados. O *download* de aplicativos de *tracking* no intuito de rastrear as cadeias de contaminação já é procedimento aplicado em inúmeros países e estudado em todo o mundo. A fronteira entre liberdade individual e obrigação legal é muito variável; está claro que um tal aplicativo só é eficaz a partir do momento em que 60% da população o utiliza. Se de um lado um dirigente europeu afirma que está "fora de questão" pensar em medidas de rastreio coercitivas por telefone na União Europeia,[64] temos notícia, por exemplo, de que a Polônia impôs dispositivos de geolocalização às pessoas infectadas ou em risco, que brindam os contraventores com uma visita da polícia em domicílio. Muito intransigente quanto às liberdades públicas, a Alemanha criou, no contexto da luta contra a covid-19, um dispositivo associando voluntariamente um bracelete *fitness* e um aplicativo a ser baixado no *smartphone*. Tal desprezo pela vida privada choca cada vez menos. Afinal, o que vemos é o deslocamento do vírus, e não os passos de pessoas reais — essas pessoas já foram reduzidas a meros portadores de um micro-organismo perigoso. Tornados invisíveis aos olhos dos espectadores, esses simples "portadores de vírus" podem vir a ser tratados de modo consequente por futuras políticas de Estado. Não haverá muita preocupação quanto a seu destino.

64 "Le suivi de vos données, par smartphone, permettra-t-il le déconfinement?" [O acompanhamento de seus dados, por *smartphone*, tornará possível o desconfinamento?], *Libération*, 15 abr. 2020.

Uma parte dessas tecnologias será uma investida no sentido do controle profundo dos corpos, para muito além do visível. Na China, já se empregam dispositivos que monitoram a temperatura corporal dos indivíduos nos transportes públicos. Mas o controle do mundo pós-pandêmico pode ir mais longe. Na Itália, assim que foi possível afirmar que "o pior tinha passado", começou a busca por medidas que pudessem garantir o retorno ao trabalho. Uma solução levada em consideração foi fazer controles de identidade nas pessoas a fim de identificar as que já tinham anticorpos para resistir ao vírus.[65] Podemos imaginar, assim, um mundo pós-pandêmico (se não para esse vírus, talvez para o próximo) em que todos os cidadãos serão permanentemente escaneados. Carência de anticorpos? Confinamento. Resistência biológica? Ao trabalho![66]

Nesse tipo específico de crise, a centralidade adquirida pelo controle sobre a saúde e a investida contra a vida em sua dimensão puramente biológica obrigam-nos a uma passagem rápida pela noção de biopolítica, discutida por Michel Foucault e retomada por Giorgio Agamben. Por um lado, a crise atual assinala a importância das reflexões sobre a biopolítica como dimensão constitutiva da vida social na modernidade, e que desempenha ainda um papel importante no contexto de colapso da modernização e de administração da crise do capitalismo. Por outro lado, no entanto, a crise atual também indica os

65 "In Italy, Going Back to Work May Depend on Having the Right Antibodies" [Na Itália, voltar ao trabalho pode depender de ter os anticorpos certos], *The New York Times*, 4 abr. 2020.

66 Isso está prefigurado nos debates sobre um "certificado de imunidade" ou "passaporte imunitário" obtido por um teste sorológico (o que é diferente dos testes de diagnóstico). Chile, Grã-Bretanha e Alemanha já consideraram seriamente tal opção, e outros países a discutiram. A OMS tem se mostrado contra essa medida em razão da não fiabilidade dos testes existentes, sobre os quais inúmeras *start-ups* estão trabalhando. Ver "Coronavirus: le passeport immunitaire en quatre questions" [Coronavírus: o passaporte imunitário em quatro perguntas], *Les Échos*, 5 mai. 2020.

limites inerentes a essa teoria, que não pode sozinha explicar as reações contraditórias do poder político na crise. Prova disso são as posições públicas equivocadas de Agamben, que ainda no fim de fevereiro de 2020 falava em "suposta epidemia" para se referir ao coronavírus.[67] Que a militarização das cidades italianas devesse ser criticada, não há nenhuma dúvida. Mas o que dizer, em contrapartida, da manutenção da "normalidade" a qualquer preço? De maneira irrefletida, Agamben dava mostras de estar alinhado com o poder estabelecido. Apenas um dia após a publicação de seu texto, a cidade de Milão, capital da região italiana mais afetada pela epidemia, lançava uma campanha oficial cujo lema era "Milão não pode parar". Depois que a OMS decretou o estado de pandemia, com a Itália registrando número elevado de mortes por covid-19, o governo brasileiro adaptou e passou a adotar o mesmo lema. Nos Estados Unidos, assistimos a manifestações de extrema direita contra o confinamento, apoiadas pelo presidente estadunidense que, via Twitter, pedia em letras maiúsculas a "liberação" de algumas regiões do país. No jogo de inversões cínicas que caracteriza nossa época, é a extrema direita que quer ganhar as ruas contra o estado de exceção — em Michigan, nos Estados Unidos, no meio dos manifestantes armados até os dentes, incluindo alguns ostentando a suástica, viam-se também faixas contra o "*führer*" local, a governadora Gretchen Whitmer. Como já estamos acostumados a ver o anticapitalismo truncado se misturar ao populismo transversal, não seria nada surpreendente que ideias relacionadas à crítica do "biopoder" sejam usadas por esse tipo de manifestantes. A direita está dividida entre seu lado liberal do *laissez-faire* — entendido como "deixem as pessoas saírem" — e seu lado securitário, que a leva a colocar o máximo de policiais nas ruas — na França, são as cidades

67 AGAMBEN, Giorgio. "L'invenzione di un'epidemia" [A invenção de uma epidemia], *Quodlibet*, 26 fev. 2020. O filósofo persistiu na rota negacionista durante a crise, com diversos textos publicados no site *Quodlibet*.

governadas pela "direita dura", como Béziers, Perpignan ou Nice, que adotaram as medidas mais restritivas, chegando ao ponto de estabelecer um toque de recolher noturno ou o uso de drones e helicópteros para impor o respeito ao confinamento. O que não impede que extremistas do neoliberalismo, como o empresário francês Alain Minc, preocupados em "não parar nossa bela globalização", relembrem Foucault, "cujo pensamento guiava minha geração", para alertar contra "a onipotência do poder médico", sem se preocupar com o absurdo de proferir essas palavras em meio a uma pandemia que mata dezenas de milhares de pessoas em todo o mundo.[68]

A questão, aqui, não é atacar Agamben, como outros já fizeram, mas sim compreender que seu equívoco indica limitações internas à teoria do "Estado de exceção" e da "vida nua". Essas limitações dizem respeito primeiramente à dimensão a-histórica dessa teoria, que não estabelece de maneira clara a relação entre a "vida nua" e a história da modernidade ocidental — Agamben faz referência muito mais a conceitos vindos da antiguidade greco-latina, especialmente a figura do *homo sacer* oriunda do direito romano arcaico, à qual ele confere uma validade universal. Em seguida, ao se concentrar no problema da soberania, Agamben reflete exclusivamente sobre a política sem apreender a relação dessa esfera com a totalidade social.[69] A relação de complementaridade entre política e economia é aqui fundamental. Centrada exclusivamente na política, a teoria de Agamben se mantém presa à racionalidade

68 "Confinement après le 11 mai: 'Vous allez voir monter la révolte des vieux, la révolte en cheveux blancs', prévient Alain Minc" [Confinamento depois de 11 de maio: "Vocês verão a ascensão da revolta dos idosos, a revolta dos cabelos brancos", prevê Alain Minc], *France Info*, 16 abr. 2020.

69 Mesmo com relação à teoria foucaultiana, trata-se de um movimento redutor, que retira da noção de biopolítica sua acepção relacional, em contradição com o esforço de Foucault para elaborar uma noção de poder social não centralizada no Estado.

dessa esfera e se mostra incapaz de apreender a irracionalidade do processo econômico que preside a totalidade da vida social. A crítica já formulada por Robert Kurz (2018) em relação ao filósofo italiano não perdeu atualidade:

> É somente sob o ângulo da máquina "sem sujeito" da valorização capitalista, desse irracional "sujeito autômato" (Marx) da modernidade, cujo conceito se mantém estranhamente ocultado em Agamben, que a lógica de soberania e de estado de exceção, de "vida nua", de banimento e inclusão excludente ganha simplesmente um sentido discernível. O que de certa maneira "animaliza" os seres humanos e os reduz a "simples corpos vivos" antes que possam "qualificar" suas vidas de forma secundária não é a falsa ontologia foucaultiana do "poder" (a-histórico) ou da dominação enquanto tais, mas a constituição polar especificamente moderna entre política e economia, trabalho abstrato e máquina estatal etc.

O que explica finalmente a redução dos seres humanos à "vida nua", a serem apenas "simples corpos vivos", não é outra coisa senão o trabalho abstrato, substância do valor, no qual o ser humano já é reduzido a nada além de "cérebro, músculos, órgãos" a serviço da produção de mercadorias. Isso leva a dois movimentos contraditórios. Por um lado, a necessidade do trabalho vivo para alimentar a valorização do valor exige a preservação da vida. Por outro, o processo de valorização não pode ser interrompido, e estamos prontos a aceitar o sacrifício de vidas humanas para garantir a continuidade da economia. Pode parecer irracional — e de fato é: o capitalismo é uma sociedade fetichista. Se não, como explicar que estejamos tão dispostos a arriscar a vida em nome do dinheiro — e que possamos até mesmo lutar por esse "direito"? Em uma manifestação anticonfinamento nos Estados Unidos, uma mulher segurava orgulhosa uma faixa com os dizeres "*Arbeit macht frei*" [O trabalho liberta]. O emprego dessa frase em alemão é evidentemente uma referência à frase inscrita no portão de entrada do campo de concentração nazista de Auschwitz. Relacionando o trabalho à liberdade, a manifestante parece sugerir que o problema não é o confinamento em si, mas simplesmente a falta de trabalho. A "liberdade" prometida em Auschwitz lhe parece desejável. Essa imagem é a prova mais cabal do absurdo da sociedade do trabalho. Os sujeitos criados pela forma-mercadoria estão dispostos a se sacrificar pelo valor abstrato. Tudo acontece como se já não fosse preciso sequer um Estado de exceção — os "*homo sacers*" supérfluos do capitalismo em crise embarcariam por si mesmos no trem de deportação.

Equívocos à parte, há de se convir que as ideias de Agamben têm pelo menos o mérito de colocar em questão o lado problemático que persiste na simples garantia da sobrevivência. Certamente, é mais fácil perceber a perversidade do capitalismo quando as pessoas são entregues à morte em nome da economia. Mas o sacrifício da vida em nome do capital-fetiche se apresenta ainda por outros meios. Por exemplo, pelo empobrecimento da vida e pelo esvaziamento do cotidiano. Seja como for o futuro, da experiência vivida no momento da pandemia, convém guardar na memória o que é a "vida" a nós destinada pelo capitalismo.

Não raro se faz referência aos acontecimentos atuais como uma "distopia" análoga àquelas da televisão e do cinema. Se há uma dimensão "distópica" no que foi vivido até aqui, ela está na revelação do grau mínimo ao qual pode ser reduzida a vida nas sociedades do capitalismo avançado. Já se poderia adivinhar esse destino à luz de outra distopia, aquela que assombrou o mundo durante a Guerra Fria: a ameaça da guerra atômica. Ao passo que se comemorava o "progresso" da última onda de prosperidade capitalista, imaginava-se uma vida em esconderijos, na reclusão reconfortante dos abrigos atômicos. O sentido das transformações técnicas em curso se escancarava como preparação de uma vida em isolamento ainda maior — como ressaltava Guy Debord (2007, §28) à época: "O sistema econômico fundado no isolamento é uma *produção circular do isolamento*. O isolamento funda a técnica, e o processo técnico, por sua vez, isola."

Na situação atual, a crítica situacionista volta a ganhar surpreendente atualidade. Como não dar razão a Guy Debord, quando por todo lado reinam as condições modernas de produção, e a sobrevivência em confinamento se prolonga pelo acúmulo de espetáculos? Não há mais nada que possa ser feito sem a mediação, a partir de agora necessária, da imagem. A vida cotidiana foi reduzida a um estágio puramente espetacular. Se alguém acreditava que as novas tecnologias "participativas" tinham deixado a crítica do espetáculo caduca, basta agora olhar em volta. O confinamento é a realização tangível da separação que está "na raiz do espetáculo" — e que é parte constitutiva da sociedade do valor. Lembremos, aqui, um paradoxo central da sociedade capitalista, também sublinhado por Kurz:

> A separação dos homens pela forma mercadoria tem a consequência paradoxal de os aproximar de modo marcadamente mais forte no "metabolismo com a natureza" do que na sociedade pré-moderna, que era, do ponto de vista dessa relação, em larga medida determinada por pequenas unidades de reprodução autárquicas.[70]

O paradoxo reside no fato de que esse "grau superior de socialização" é ao mesmo tempo determinado por "uma separação e por uma ausência de relações mais amplas entre os homens que, em suas relações com a natureza, não entretêm mais relações senão indiretamente".[71] À medida que o capitalismo se desenvolve, as pessoas ficam cada vez mais integradas a uma forma de socialização, e o mundo se

70 KURZ, Robert. "La fin de la politique" [O fim da política], *Palim Psao*, 29 abr. 2016.

71 *Ibidem*.

unifica cada vez mais. Entretanto, essa forma de socialização repousa numa separação cada vez maior entre as pessoas, não somente porque o capitalismo implica a especialização crescente na relação com a natureza — incluindo a racionalização e a separação das tarefas —, mas sobretudo porque a relação entre as pessoas é necessariamente dependente e mediada "pelo viés do mecanismo do mercado, irrefletido, e sem sujeito".[72] A sociedade do espetáculo é o desdobramento lógico dessa forma de socialização: "O espetáculo reúne o separado, mas o reúne *enquanto separado*" (Debord, 2007, §29). O que se vê no espetáculo não é nada mais do que a sociedade unificada pela produção de mercadorias. Os supostos "meios de comunicação" apenas escamoteiam a ausência crescente de relações efetivas entre as pessoas. Todo mundo pode se ver em seu isolamento respectivo — verdade tornada evidente na época do confinamento.

Com efeito, algumas asserções outrora formuladas por Guy Debord parecem nestes tempos descrições antecipadas. A vida foi literalmente "deportada para trás da tela" (Debord, 2007, §218), e o capitalismo revela de forma mais direta que nunca sua dimensão de "sobrevivência ampliada" (Debord, 2007, §40). Antes, era preciso um pouco de esforço para mostrar que a aparente abundância material das sociedades industriais apenas recolocava em outro nível o problema da necessidade — em vez de superá-lo, como queriam os apologistas do progresso técnico. Para tanto, poderia ser útil evocar o pensamento de Herbert Marcuse (2015) sobre a penúria e a estrutura repressiva da sociedade, ou a noção de "razão instrumental" desenvolvida pela Escola de Frankfurt, para mostrar como a técnica não caminha no sentido da emancipação. E, assim, poderíamos compreender o capitalismo como criador de uma

72 KURZ, Robert. "La fin de la politique" [O fim da política], *Palim Psao*, 29 abr. 2016.

"segunda natureza", um mundo de "pseudonecessidades" que trai a liberdade prometida pelo progresso da "razão ocidental". A situação atual deixa cruamente cristalino em que pé estamos quanto a essa promessa. O espetáculo moderno, ponto máximo da "riqueza" abstrata capitalista, revela-se mero meio de sobrevivência. O consumo a distância, a vida nas redes, enfim, os "privilégios" trazidos pelo desenvolvimento das tecnologias de "comunicação" tornam-se agora instrumentos a serviço da manutenção do trabalho e do consumo no sentido mais primário que possa existir. Com o desenvolvimento das tecnologias de interação virtual, combinadas com dispositivos de "realidade aumentada" — fórmula cínica para designar a mais completa perda de realidade —, o cenário distópico de uma vida social inteiramente vivida na separação, na qual só se conhece vida social pela mediação da imagem, vai se realizando a passos largos. A pandemia acelera esse processo e coloca essa forma de vida à prova.

O mundo contra o qual lutaram os situacionistas parece, em comparação, quase idílico. Lembremos desse exemplo, que vem dos estudos de Paul-Henry Chombart de Lauwe (1952): o registro dos deslocamentos de uma jovem durante um ano desenhava graficamente um triângulo, os vértices apontando para sua casa, a escola e as aulas de piano. Reproduzindo o gráfico em sua revista, os situacionistas, para quem a vida deveria ser uma viagem, mostravam indignação diante de uma vida tão limitada. Comparada ao cotidiano atual, com o trabalho a distância, as compras entregues em domicílio e os "encontros" no aplicativo Zoom, a vida da moça ganha quase ares de aventura.

Apesar disso, é preciso evitar a nostalgia de um passado de todo modo igualmente condenável. A lógica do "menos pior" é sempre perigosa, e pode nos levar a aceitar mais docilmente o que na verdade também deve ser criticado. De modo semelhante, na situação presente, seria possível comparar estados diferentes de confinamento, e até opor o confinamento a sua simples impossibilidade. Decerto, o confinamento regado a Netflix e entregas em domicílio requisitadas por aplicativos de celular pode parecer um privilégio luxuoso se comparado à realidade das camadas mais pobres da sociedade, principalmente nos países onde os Estados não têm condições de amortecer a crise e onde a economia informal tem grande peso. A crise capitalista, fruto das contradições que solapam as bases da produção de valor, produz massas crescentes de supérfluos, cada vez mais entregues à própria sorte. Não resta dúvida de que a vida em confinamento pajeada pelo espetáculo não pode sequer representar um destino universal. Pode ser, no melhor dos casos, o destino daqueles que estarão do lado "afortunado" do capitalismo em crise. É preciso se precaver, no entanto, para não ver aí um destino ditoso. Corre-se o risco de recaída na lógica do marxismo tradicional que sempre compreendeu o capitalismo como simples questão de distribuição de riquezas, deixando fora de questão o modo de produção e a própria vida. Em uma situação de crise prolongada, não seria surpresa se víssemos uma parte da esquerda lutando por uma divisão mais igualitária dos meios de consumo espetacular, para garantir a todos um confinamento de qualidade — e, evidentemente, o direito ao teletrabalho.[73]

A experiência de vida sob quarentena também recoloca questões relativas às desigualdades de gênero. Há que se fazer, então, uma passagem pela teoria de Roswitha Scholz (2019), que desenvolve a ideia da "relação de dissociação", compreendida como uma dimensão fundamental da sociedade patriarcal do valor. Como temos dito, a sociedade capitalista é constituída por relações sociais fetichistas, e orientada cegamente pelo processo de valorização do valor. Para Scholz, no entanto,

73 Sem muita demora, no fim de abril, o ministro do Trabalho alemão, Hubertus Heil, já falava em "*Recht auf Homeoffice*", ou seja, "direito legal ao trabalho remoto". Ver "Heil plant Recht auf Homeoffice" [Heil planeja direito ao *homeoffice*], *Tages Schau*, 26 abr. 2020.

apenas a noção de "valor", colocada em primeiro plano pela teoria crítica do valor, não dá conta integralmente das relações fetichistas do capitalismo. Isso porque, reconhecendo de modo justo o trabalho abstrato como forma de base do capitalismo, acaba deixando de lado o conjunto das atividades que lhe são exteriores, notadamente as atividades reprodutivas atribuídas às mulheres. Compreender a constituição lógico-histórica do trabalho abstrato enquanto categoria base da sociabilidade capitalista exigiria, portanto, compreender, ao mesmo tempo, esse processo de cisão parcial (*Abspaltung*), isto é, de dissociação de uma parte das atividades humanas que virá a compor um mundo "feminino" e "privado". No lugar de uma crítica do valor (*Wertkritik*), Scholz propõe uma crítica do valor-dissociação (*Wert-abspaltungskritik*). Segundo a autora, "no núcleo da teoria da dissociação está a ideia de que um certo número de atividades da reprodução definidas como femininas, mas também atitudes correspondentes (a solicitude, por exemplo) e qualidades desvalorizadas (a sensibilidade, a emotividade etc.), vê-se precisamente dissociado do valor e de sua substância, o trabalho abstrato, e atribuído às mulheres".[74]

São esses atributos que vieram caracterizar o "feminino" na ordem simbólica do patriarcado produtor de mercadorias. Com a progressiva integração das mulheres às atividades de produção do valor, essa ordem simbólica também mudou, uma vez que as representações dos sexos deixaram de ser adequadas às exigências de flexibilidade do "turbocapitalismo". Mas, na realidade, as coisas mudaram muito pouco. Como se sabe, embora hoje elas tenham em grande medida se integrado à sociedade "oficial" do trabalho abstrato e do espaço público burguês, as mulheres não deixaram de ter em seus ombros a carga dos afazeres da casa e o cuidado com as

74 SCHOLZ, Roswitha. "Marie, étends ton manteau. Production et reproduction à l'heure du capitalisme en crise" [Maria, estende teu manto. Produção e reprodução na era do capitalismo em crise], *Palim Psao*, 10 jan. 2018.

crianças; elas ganham em média menos que os homens e têm que batalhar mais para alcançar cargos superiores.

Isso mostra que a relação de dissociação precisa ser entendida como parte estruturante da sociedade do valor. "Em um alto grau de abstração", escreve Scholz, "a relação-dissociação é, enquanto *outro* da relação-valor, tão sócio-histórica e negativamente determinada quanto aquela."[75] Em outras palavras, podemos compreender a totalidade social do capitalismo como uma totalidade social fragmentada, cindida entre a relação de valor e a relação de dissociação, que estão em relação mutuamente dialética, como os reversos respectivos da estruturação de conjunto das relações sociais. Para Scholz, uma não é a derivação da outra; elas são conatas, mutuamente engendradas, lógica e historicamente. A dissociação não é, portanto, um subsetor do capital, mas uma condição absoluta de sua existência e de sua reprodução. Por isso, a autora fala em "patriarcado produtor de mercadorias", ou em "capitalismo-patriarcado", compreendendo que o capitalismo é o patriarcado, e o patriarcado é o capitalismo.[76] Daí decorre também o equívoco de noções como "trabalho doméstico" que projetam sobre as atividades dissociadas um conceito positivo de trabalho, quando na verdade a dissociação corresponde precisamente ao reverso do trabalho abstrato.

Nesse sentido, as modificações históricas nas formas de socialização das mulheres, empiricamente observáveis, indicam apenas uma evolução histórica interna da dissociação-valor — as formas históricas da dissociação podem variar em função de inúmeros fatores. A inserção progressiva das mulheres no mundo do trabalho se deu, por exemplo, juntamente com um deslocamento de uma parte das atividades de

75 SCHOLZ, Roswitha. "Marie, étends ton manteau...", *op. cit.*

76 SCHOLZ, Roswitha. "Le patriarcat producteur de marchandises" [O patriarcado produtor de mercadorias], *Jaggernaut: Crise et critique de la société capitaliste patriarcale*, n. 1, p. 271-91, 2019.

cuidado para o setor terciário, para as empresas de "*care*" [cuidado] ou serviços semelhantes garantidos por braços do Estado. Nos países mais ricos, essas atividades vão sendo cada vez mais destinadas à mão de obra imigrante. Nos países mais desiguais, onde massas de pobres fornecem uma mão de obra barata, essas atividades são destinadas a empregados domésticos, e a distinção social da elite vem se afirmar pelo número de serviçais que a casa possui. É bastante revelador que uma das primeiras vítimas do coronavírus no Brasil tenha sido uma empregada doméstica contaminada por seus patrões, que haviam voltado das férias na Itália.[77] No Brasil, um país forjado pela escravidão, a mentalidade colonial parece persistir ao tempo, e até os membros da classe média se sentem "senhores" perante seus empregados domésticos. É preciso evitar, no entanto, a explicação puramente culturalista que consiste em ver nisso a simples permanência de velhos costumes. O Brasil — ou qualquer outro país onde se poderiam observar resíduos de regimes de sociabilidade anteriores — não está aquém do capitalismo.

Após o capitalismo ter unificado todo o planeta, o que encontramos em todos os cantos é a sociedade do valor-dissociação, quaisquer que sejam as variações locais e as mediações culturais. Dito isso, também não se pode considerar de menor importância o fato de as consequências da socialização capitalista poderem ser mais dramáticas em certos países do que em outros, principalmente quando o capitalismo entra em crise em todos os lugares. Que destino será reservado a esse exército de trabalhadores domésticos quando seus falsos senhores não estiverem mais em condições de pagar seus salários? Diferentemente dos antigos senhores, que ainda se preocupavam com a sobrevivência de suas "propriedades",

77 "Primeira morte do Rio por coronavírus, doméstica não foi informada de risco de contágio pela 'patroa'", *Pública*, 19 mar. 2020.

os falsos senhores de hoje, que só conhecem a mediação do dinheiro, não dão mostras de nenhum escrúpulo em entregar seus empregados à própria sorte.[78]

No confinamento imposto, o peso da relação de dissociação se fez sentir em vários níveis. De modo geral, o isolamento implicou uma espécie de retorno à estrutura familiar clássica, acarretando um reforço do papel doméstico da mulher, que assume atividades dissociadas do trabalho abstrato.[79] No Peru, por exemplo, quando o governo teve a brilhante ideia de estabelecer um rodízio de gêneros, alternando dias reservados à saída de homens e de mulheres, para diminuir o contato social e conter a epidemia, viu a medida produzir precisamente o efeito oposto. Isso porque, nos dias reservados às mulheres, os supermercados e serviços essenciais recebiam afluência dobrada... Nos mais diversos países, o recuo do setor de serviços e o fechamento das escolas fez com que, de modo geral, cada indivíduo precisasse estar em condições de cuidar das atividades domésticas e de algumas demandas de ordem afetiva sem deixar de dedicar parte de seu dia ao trabalho abstrato.[80] Aliás, quando todas as atividades se encontram confinadas

78 Para ficar no exemplo do Brasil, é o que está acontecendo com a crise do coronavírus. Ver "Au Brésil, les employées domestiques, en première ligne face au coronavírus" [No Brasil, as empregadas domésticas estão na linha de frente do coronavírus], *Le Monde*, 21 abr. 2020.

79 Como consequência mais dramática desse retorno, observou-se também um acréscimo da violência doméstica. Ver "A New Covid-19 Crisis: Domestic Abuse Rises Worldwide" [Um nova crise da covid-19: o abuso doméstico aumenta mundialmente], *The New York Times*, 6 abr. 2020.

80 Os primeiros estudos acerca da vida doméstica durante o confinamento revelam consequências divergentes. Por um lado, indica-se que, pelo fato de estarem em casa, os homens assumiram uma quantidade maior das tarefas do lar. Por outro, a carga complementar de atividades domésticas rapidamente recaiu sobre as mulheres, que se viram as principais responsáveis pelo acompanhamento da escolarização a distância. Ver CARLSON, D. L.; PETTS, R. & PEPIN, J. R. "U.S. Couples' Divisions of Housework and Childcare during Covid-19 Pandemic" [A divisão das tarefas domésticas e do cuidado dos filhos apenas no espaço da vida doméstica — incluindo, agora, o "teletrabalho" —, certas características da relação-dissociação se tornam visíveis, como o fato, ressaltado por Scholz, de que a relação-dissociação "é um princípio social que atravessa todos os planos e campos da sociedade, e não se pode, assim, dividi-la de forma maquinal entre a esfera privada e a esfera pública, a esfera da produção e a da reprodução".[81]

Evidentemente, isso não deixa de trazer problemas, uma vez que a divisão dos espaços é funcional à especialização das tarefas. Quando a casa se torna local de trabalho, é preciso encontrar um meio de expulsar as crianças, para que o trabalho abstrato possa reassumir seu posto. Em certos países, como a Dinamarca, desde muito cedo começou-se a fazer testes para a reabertura das escolas, mantendo as crianças confinadas em espaços precisos e evitando qualquer contato entre elas. O que sobra da educação nesse tipo de escolarização? Limitados ao distanciamento obrigatório, que laços sociais as crianças podem estabelecer entre si, que brincadeiras podem inventar? Nessa configuração, as escolas são reduzidas a pouco mais que meros depósitos de crianças. Caso essa solução se revele ainda muito perigosa, seria possível encontrar uma forma de tirar as crianças de casa sem necessidade de deslocá-las. Bastaria recorrer novamente à mediação espetacular, colocar sem o menor escrúpulo as crianças na frente das telas, e deixá-las se perder na alienação da imagem. Esse foi o principal meio utilizado durante o período de confinamento. Durante meses, as crianças tiveram encontros na plataforma Zoom, em plena ascensão, com exercícios escolares a serem entregues *on-line*, bem como

entre os casais estadunidenses durante a pandemia de covid-19], *SocArXiv*, 6 mai. 2020; "Nearly Half of Men Say They Do Most of the Home Schooling. 3 Percent of Women Agree" [Quase metade dos homens diz se encarregar do ensino a distância. Apenas 3% das mulheres concordam], *The New York Times*, 6 mai. 2020.

81 SCHOLZ, Roswitha. "Marie, étends ton manteau...", *op. cit.*

propostas de exercícios pedagógicos *on-line* que plataformas disponibilizaram "gratuitamente" durante o confinamento (na esperança de que as famílias, uma vez convencidas de sua importância, pudessem adotá-las permanentemente). O fato de as crianças passarem o tempo diante das telas em nome da continuidade dos imperativos pedagógicos é uma aquisição do coronavírus que corre o risco de deixar marcas, porque os pais, obrigados a teletrabalhar, veem-se também compelidos a expor seus filhos ao brilho dos *pixels*.

A situação atual nos leva a uma verdade já conhecida: o sistema escolar é por natureza um sistema de preparação ao mundo do trabalho e à concorrência do mercado de trabalho. Não deve haver "férias" imprevistas; o tédio é um escândalo, ali como em toda parte, e se as crianças aprenderem a costurar ou a cozinhar, usarem o tempo para desenhar ou escrever mais do que de costume, isso pode até ser considerado benéfico para o desenvolvimento de suas faculdades cognitivas (ou seja, avaliado segundo a mesma tabela utilitarista), mas jamais como um valor em si. Na crise atual, a complementaridade funcional entre educação e mundo do trabalho se revela sob as formas específicas do capitalismo em seu estágio espetacular. Se o teletrabalho dos adultos é destinado a não interromper as cadeias de produção onde é possível que continuem de casa, a tele-escola tem o mesmo objetivo inconfesso: parece insuportável que durante vários meses as crianças possam ser elas próprias "improdutivas" e não fazer nada além de "brincar sem entraves" — como notou um repórter do *Le Monde* que tinha aprendido sua lição de Vaneigem.[82] Ainda mais quando atrapalham o teletrabalho de seus telepais.

82 Em francês, a frase "*jouer sans entraves*" (brincar sem entraves) é um trocadilho com a fórmula "*jouir sans entraves*" (gozar sem entraves), um dos célebres slogans do Maio de 1968, e que remete aos escritos do situacionista belga Raoul Vaneigem.

— CAPÍTULO 6 —

Tempos difíceis ou grandes esperanças?

A crítica radical do capitalismo tinha certamente razão em afirmar que o capitalismo corria em direção ao precipício; o sopro que fez tremer uma parte do castelo de cartas é que veio de uma direção imprevista: nem da economia no sentido estrito, nem das mudanças climáticas. O que as guerras, o amianto, o aquecimento global, o buraco na camada de ozônio, o tsunami de 2004, o vírus ebola ou a Sars (síndrome respiratória aguda grave) não puderam realizar foi logrado pela covid-19: fazer a economia passar momentaneamente ao segundo plano, contendo até seus apóstolos mais fanáticos. Mas o que vai acontecer agora? O colapso está realmente aí, ou será que "nosso modo de vida" irá, mais uma vez, contra todas as expectativas, recolocar-se de pé? Caso não volte a se levantar, o que tomará o seu lugar será melhor ou pior? Quem diz saber a resposta mente.

Com a escalada da pandemia, um grande espaço nas mídias, muito maior do que de costume, foi concedido àqueles e àquelas que afirmam que é preciso "aproveitar a oportunidade" para "mudar o mundo". Ao menos uma vez, parece permitido ter um pouco de esperança. Enquanto alguns tecem afirmações cheias de certeza, outros veem pelo menos uma possibilidade bastante real: esta crise vai desembocar em um novo espírito de solidariedade[83] e de colaboração horizontal; a agricultura industrial será limitada ou abolida; a biodiversidade, restaurada; os circuitos locais privilegiados e a saúde pública receberão todos os recursos necessários. É o "agora ou nunca" para mudar coletivamente o "estilo de vida", como quando, após uma operação nos pulmões, se tenta convencer um fumante a largar o cigarro. Neste momento, a redução da "liberdade de consumo" e daquilo que se chama de "nível de vida material" pode encontrar maior aceitação social.

É certo que, na situação atual, a famosa afirmação proferida em 1992 pelo então presidente dos Estados Unidos, George H. W. Bush, segundo a qual o estilo de vida estadunidense (ou ocidental) "não é negociável", soaria mal em quase toda parte, e que os questionamentos ao capitalismo industrial recebem muito mais atenção do que de costume. Muitos se ressentem e declaram seus temores, como nessa nota informativa da organização empresarial suíça Centre Patronal:

> É preciso evitar que certas pessoas sejam tentadas a se habituar à situação atual, ou mesmo se deixem seduzir por aparências insidiosas: muito menos circulação nas estradas, um céu esvaziado de tráfego aéreo, menos barulho e agitação, o retorno a uma vida simples e a um comércio local, o fim da *sociedade de consumo*... Esta percepção romântica é enganosa, pois a desaceleração da vida social e econômica é, na realidade, muito dolorosa para inúmeros habitantes que não têm nenhum desejo de suportar por muito mais tempo esta experiência forçada de decrescimento. A maior parte dos indivíduos sente a necessidade, mas também o desejo e a satisfação, de trabalhar, criar, produzir, trocar e consumir.[84]

83 No entanto, as "novas solidariedades" geralmente se parecem muito com as velhas solidariedades, como a figura da família, na Itália, ou os estudantes que retornam à casa dos pais.

84 BIERI, Pierre-Gabriel. "Vers une stratégie de sortie de crise" [Para uma estratégia de saída da crise], CP *Service d'information*, n. 3.284, 15 abr. 2020.

Decerto, sempre há aqueles que pretendem ver nas epidemias meros fatos "naturais", recorrentes na história, como o historiador israelense e autor de *best-sellers* internacionais Yuval Noah Harari.[85] Mas, em geral, a tese de um vínculo entre o novo coronavírus — e os outros vírus recentes — e a crise ecológica e climática foi, em parte, levantada tanto entre os "*experts*" quanto pela opinião pública. Essa tomada de consciência é notável, tanto mais se considerarmos que o vínculo entre a pandemia e o capitalismo é, à primeira vista, bem menos óbvio do que, por exemplo, o vínculo entre as mudanças climáticas e o capitalismo. É possível demonstrar com certa facilidade que o aquecimento global é um fenômeno recente que se deve à industrialização desenfreada; com um pouco mais de esforço, é possível compreender que essa industrialização desenfreada é consequência do produtivismo; e, finalmente, que o produtivismo encontra sua raiz última na acumulação de valor e na dupla natureza do trabalho produtor de mercadorias. Demonstra-se ainda mais facilmente que os mortos por poluição atmosférica, amianto ou dioxina não são mortos "naturais" e existem apenas em uma sociedade como a "nossa". A doença da vaca louca[86] ou os oceanos repletos de resíduos plásticos certamente não existiram na Idade Média, e nem mesmo há um século. Mas é um pouco paradoxal que as críticas à sociedade industrial-capitalista, desenvolvidas há mais de cinquenta anos, encontrem uma escuta mais ampla por ocasião da crise do coronavírus.

85 BASCHET, Jérôme. "Qu'est-ce qu'il nous arrive? " [O que está acontecendo conosco?], *Lundi Matin*, 13 abr. 2020.

86 Nome popular da encefalopatia espongiforme bovina, doença neurodegenerativa surgida em meados dos anos 1980 na Inglaterra e transmissível aos seres humanos. Está associada ao consumo, pelo rebanho, de farinha de carne e ossos constituída a partir dos restos mortais de animais impróprios ao mercado. [N.E.]

Em realidade, o vínculo entre pandemização e sociedades capitalistas é mais estreito do que se pensava. O Neolítico só tinha a oferecer aos vírus um contexto, muito relativo, de densificação urbana dos corpos e aproximação do contato com animais criados em cativeiro. Nessa escala, o intercâmbio dos germes patógenos permanecia inédito. Mobilidade, saúde e lentidão estiveram associadas durante milênios em sociedades majoritariamente agrárias e rurais. Jamais na história pré-moderna tínhamos visto a globalização de um vírus tão velozmente em escala planetária. Inversamente, as relações entre saúde e mobilidade, e entre saúde e densidade humana serão completamente revolucionadas com o surgimento da modernidade mercantil. De início, o período das "Grandes Navegações" e o primeiro impulso de colonização terão como resultado a primeira unificação microbiana do mundo.[87] A universalização da relação-capital na escala planetária, modificando as relações da saúde com a mobilidade e a densidade, vai oferecer aos vírus, pela primeira vez, os meios técnicos e a concentração dos corpos que permitem os fenômenos da pandemização em escala global. Porque "é da natureza do capital mover-se além de todas as barreiras espaciais" (Marx, 2011, p. 243), também os vírus não terão mais barreiras espaciais a partir de então. Unificação viral e unificação da vida sobre a Terra pela relação-capital caminham juntas. A primeira revolução dos transportes no século XIX, seguida da explosão do transporte aéreo massivo nos anos 1960, ampliou consideravelmente as possi-

87 O desembarque dos portugueses e espanhóis na América do Sul teve um impacto devastador sobre as populações ameríndias que haviam vivido em isolamento durante séculos. Quando a varíola chega ao continente, no século XVII, por exemplo, constata-se, nos dois lados dos Andes, que 50% dos indígenas que entram em contato com a doença sucumbem em poucos dias. O estabelecimento do tráfico de escravizados, entremeando os destinos da África e das Américas, explica-se também pelos efeitos da unificação microbiana e por suas consequências mortíferas para os povos indígenas do Novo Mundo (Alencastro, 2000, p. 127-33).

bilidades de pandemização viral, sendo o exemplo típico, àquela época, o da cólera. Essa doença permaneceu confinada durante séculos no seu foco endêmico no sul da Ásia, extravasando apenas episodicamente para regiões limítrofes do Extremo Oriente. No século XIX, movendo-se para além desse foco, o vibrião iniciará sua conquista do mundo. É, em um primeiro momento, a integração do foco endêmico indiano à esfera colonial britânica que permitirá a pandemização da doença. A propagação do vírus seguirá o fluxo que conecta as sociedades em função de seu grau de integração ao capitalismo mundial.[88] Seis ondas pandêmicas irão se suceder, o que causará milhões de mortes. A sétima pandemia de cólera, iniciada em 1961, ainda está em curso, e ainda provoca em média cem mil mortes por ano. Embora a África subsaariana tenha sido relativamente poupada pelas seis primeiras pandemias, em 1970 "o mais temível agente potencial de difusão dos germes" — o avião — acarretará uma brutal catástrofe sanitária na região. Em menos de um ano, a partir da importação do vírus ao solo guineense, todos os países da África ocidental serão duramente afetados. O pesquisador André Dodin, do Instituto Pasteur, falava a esse propósito da "maior catástrofe aérea da história da humanidade".[89] O mesmo fenômeno de difusão acelerada de um vírus

88 Para o caso da onda de cólera na França entre 1832 e 1854, dois historiadores concluem que "são as trocas, orientadas em certa medida pelas características das redes e dos meios de comunicação, mas determinadas, antes de tudo, pelos grandes fluxos comerciais, que na maioria das vezes são responsáveis por novas áreas de propagação. No limite, na falta de dados estatísticos precisos, poder-se-ia ficar tentado a considerar as variações de intensidade da cólera na França entre 1832 e 1854, de acordo com os departamentos [estados], como um índice de mobilidade, de saída do isolamento e de integração ao mercado nacional; em suma, de desenvolvimento". Ver BOURDELAIS, Patrice & RAULOT, Jean-Yves. "La marche du choléra en France, 1832-1854" [O avanço da cólera na França, 1832-1854], *Annales* ESC, n. 33-1, p. 140-1, 1978.

89 AMAT-ROZE, Jeanne-Marie. "Santé et globalisation" [Saúde e globalização], *Historiens et géographes*, n. 395, p. 129, jul.-ago. 2006.

em escala inigualável nas sociedades pré-modernas se repetirá entre 1855 e 1920, com a terceira e última pandemia de peste bubônica. O vírus sai da China pelos portos de Hong Kong e Cantão, em 1894, e se desloca ao ritmo dos navios a vapor, transatlânticos e navios mercantes. Setenta e dois portos são infectados nos cinco continentes em quinze anos. Em 1898, o vírus chega à colônia britânica indiana, onde ceifará ao menos doze milhões de vidas (metade disso entre 1898 e 1908).[90]

Depois da Segunda Guerra Mundial, a massificação do transporte aéreo se tornará o vetor central da pandemização de outros vírus. Com mais de 36 milhões de mortos, a aids foi a maior pandemia do século XX. O vírus da imunodeficiência humana (HIV) deve ter passado diversas vezes do chipanzé ao homem ao longo dos séculos anteriores, mas só se tornou um problema de dimensão mundial quando o desenvolvimento das viagens permitiu que esse micro-organismo se espalhasse por todo o globo. Vários autores têm, assim, relacionado a propagação da pandemia, desde os anos 1920, com a história colonial africana, notadamente com a do Congo belga (Pépin, 2019). Isso mostra que, sem a conjunção de diferentes circunstâncias, tais como o papel da medicina colonial ou o dos fluxos de turistas estadunidenses no Haiti, tornando possível a exportação e depois a globalização do HIV, a infecção de um indivíduo por esse vírus saído do chimpanzé, à semelhança de seus prováveis antepassados ao longo dos séculos, não teria nunca dado início a tal corrente de transmissão em nossa espécie. Também tomando o mesmo caminho dos fluxos da globalização, o vírus da *influenza* A(H2N2), conhecida como "gripe asiática", matou cerca de quatro milhões de pessoas no mundo nos anos 1950 e 1960, inclusive nos países desenvolvidos. O vírus da *influenza* A(H3N2), a chamada "gripe de Hong Kong", deixou um milhão

90 AMAT-ROZE, Jeanne-Marie. "Santé et globalisation", *op. cit.*

de mortos a partir de 1969. O número de doenças de origem animal transmissíveis ao homem aumentou consideravelmente em trinta anos. A invasão das atividades capitalistas aos habitats com importante biodiversidade, as condições de extrema concentração das criações industriais de animais e a mudança climática são as principais causas de novas zoonoses, como ebola, Marburg, Nipah, varíola dos macacos, vírus do Nilo ocidental, Sars etc. Não somente os eventos zoonóticos se multiplicam sob o efeito do funcionamento das sociedades capitalistas, como estas também oferecem todas as condições à globalização desses vírus.[91]

De certo modo, as preocupações com o "nosso" modo de vida, que vêm aumentando há algumas décadas, mas que se encontravam sempre em posição subalterna face aos "imperativos econômicos", poderiam agora dar um salto qualitativo. Essa esperança assume geralmente a forma da "pedagogia das catástrofes": diante de perigos extremos, a humanidade saberia puxar o freio de emergência.[92] Na verdade, nada é mais duvidoso. O livro *Colapso*, de Jared Diamond,[93] *best-seller* mundial, mostra que não existe uma "pedagogia da catástrofe" cuja eficácia seja garantida, nem um "instinto de sobrevivência" infalível: na história, houve sociedades que souberam enfrentar desafios, notadamente climáticos, e outras que preferiram desaparecer em vez de mudar — mas a disparidade dos casos analisados por Diamond é tamanha que, ao contrário do que pretende o autor, não podemos tirar nenhuma lição para nós.

91 BREITHAUPT, Holger. "L'irrésistible multiplication des zoonoses" [A irresistível multiplicação das zoonoses], *Courrier International*, n. 692, 4 fev. 2004.

92 "Marx havia dito que as revoluções são a locomotiva da história mundial. Mas talvez as coisas se apresentem de maneira completamente diferente. É possível que as revoluções sejam, para a Humanidade que viaja nesse trem, o ato de acionar os freios de emergência" (BENJAMIN, Walter. *Gesammelte Schriften* [Textos escolhidos], v. 1, pt. 3, p. 1.232). [N.E.]

93 DIAMOND, Jared. *Colapso: como as sociedades escolhem o fracasso ou o sucesso*. Rio de Janeiro: Record, 2005. [N.E.]

Esta seria, talvez, a oportunidade de sair do "dilema do prisioneiro", que desempenha há tempos um papel tão grande no bloqueio de todas as medidas imanentes ao sistema capitalista — sobretudo as ecológicas, em nome das quais quase todos apelam, mas pelas quais ninguém está disposto a pagar sem antes ter a certeza de que os outros grupos sociais também pagarão. Quando se tenta limitar um pouco os pesticidas, tanto os pequenos agricultores quanto os *lobbies* da agroindústria se opõem ferozmente. É preciso fechar uma central nuclear vetusta, e são os próprios trabalhadores a se manifestar contra. Propõe-se obrigar a indústria nacional a respeitar algumas normas sociais e ambientais, e ela se alarma, receando perder competitividade internacional. Cada um teme perder o que é seu e encontrar-se em desvantagem em relação a seus competidores, que não sofreriam nenhum prejuízo e, assim, fortaleceriam sua posição na concorrência, seja entre indivíduos, indústrias ou países. Entretanto, durante a epidemia, quase todos os atores econômicos, tanto os pequenos quanto os grandes, pareceram aceitar perdas muito superiores àquelas que, há pouco tempo, os teriam feito dar gritos de horror. *"Mal comune, mezzo gaudio"* — a dor partilhada é mais fácil de suportar. Sem dúvida, o que a torna suportável é geralmente a esperança de que o sacrifício seja apenas temporário, como em tempos de guerra. Contudo, para o tratamento imanente das contradições, que está no cerne da administração do desastre, já pode haver aí uma pista. Quem sabe assim será possível superar esse dilema que leva os sujeitos contemporâneos a sempre repetirem ladainhas como: "Eu adoraria abrir mão do carro, mas se os outros não o fazem, por que devo ser o único a me sacrificar por um bom princípio?".

No entanto, há sempre o risco de que a montanha de proposições para melhorar o mundo depois do dilúvio dê à luz um rato. Numerosas vozes vociferam agora contra o neoliberalismo, a destruição da natureza e o consumo desmedido.

Elas facilmente encontrarão quem as aplauda. Mas o que elas propõem como alternativa?

Uma vez vencida a "guerra" sanitária contra o novo coronavírus, vários dirigentes pretendem implementar "decisões de ruptura" (como as define o presidente francês, Emmanuel Macron), notadamente para "retomar o controle" sobre uma parte das cadeias produtivas agora controladas pela mundialização. Como mostrou a publicação, em 8 de abril de 2020, de uma análise do Serviço Europeu para a Ação Exterior, órgão de prospecção da diplomacia europeia,[94] ao lado do objetivo de recuperação do crescimento, trata-se, doravante, de reduzir as vulnerabilidades essenciais dos europeus trazidas a lume pela crise da covid-19. Longe da doxa neoliberal clássica, trata-se, de agora em diante, de reforçar "a soberania estratégica" da União Europeia.[95] Sob vários aspectos, o coronavírus coloca em prática a ideologia de crise do populismo produtivo neonacionalista, agora através da conversão das elites neoliberais. "Delegar nossa alimentação, nossa proteção, nossa capacidade de tratar a nós mesmos, nosso quadro de vida a outros é uma loucura", sustentou não o sindicalista francês e expoente do movimento antiglobalização José Bové, membro da Via Campesina, mas Emmanuel Macron. Os neoliberais de ontem tornaram-se os altermundialistas de hoje. Nessa situação ideológica — em que setores inteiros da ideologia altercapitalista de esquerda, forjada desde o fim dos anos 1990 em torno do slogan "um outro mundo é possível", estão sendo tratados de maneira positiva por numerosos governantes (no Japão, o primeiro-ministro conservador Shinzo Abe fez declarações parecidas) —, Jean-Luc Mélenchon, expoente da esquerda

94 As notas do Serviço Europeu para a Ação Exterior alimentam as reflexões do Comitê Político e de Segurança, que reúne os embaixadores da União Europeia.

95 SMOLAR, Piotr. "L'UE craint d'être prise en étau entre la Chine et les États-Unis" [A União Europeia teme ficar dividida entre China e Estados Unidos], *Le Monde*, 25 abr. 2020.

francesa, teve de abrir uma linha de defesa contra essa recuperação, fingindo ter sido aquele que "disse primeiro". "Quando o presidente rouba nossas palavras, mas recusa todas as nossas propostas" para sair da crise, "eu o vejo como um farsante", denunciou, em uma entrevista ao *Libération*, o líder dos *insoumis* [insubmissos], que considera ter apontado o caminho há anos. "Nós nos sentimos recompensados: vale a pena ter razão quanto a conceitos essenciais", como o de soberania.[96] A aproximação atual entre campos ideológicos aparentemente opostos demonstra que o capitalismo neoliberal ou o capitalismo na sua forma nacional-soberana continuam a ser apenas dois momentos do capitalismo, uma reconfiguração sempre possível na relação polar Estado-economia. A crise do coronavírus terá tido como consequência, no plano da ideologia, não somente revelar a muitos a compatibilidade fundamental entre o altermundialismo e a continuidade do capitalismo por outros meios, mas sobretudo entronizar, no seio dos aparelhos estatais, setores inteiros deste altercapitalismo de esquerda. Essa esquerda lamentável, de joelhos diante das formas de base capitalistas, e deslumbrada pela conversão dos neoliberais à "soberania estratégica", terá, como único discurso possível, o de que, no fim das contas, mais valeria ter no comando do Estado o original em vez de sua cópia pálida. "Lembrem-se das belas promessas de 2008 quanto à regulação das finanças. Nós é que somos os verdadeiros salvadores do capitalismo!" Essa esquerda já se tornou, concretamente, um componente da cogestão da crise do capitalismo.

Quando, em razão da paralisação de setores inteiros da economia, a redução das emissões de CO_2 e da poluição atmosférica puderam ser constatadas imediatamente, as circunstâncias pareceram ter dado razão aos teóricos do decrescimento,

96 "Mélenchon: 'L'idéologie de Macron le paralyse devant les questions de survie collective'" [Mélenchon: a ideologia de Macron o paralisa frente a questões de sobrevivência coletiva], *Libération*, 16 abr. 2020.

que preconizam medidas restritivas (de produção, consumo, tráfego aéreo etc.) há muito tempo. Eles nunca deixam de especificar, porém, que o decrescimento nada tem a ver com uma recessão, ou tampouco com um programa de austeridade. Longe de ser uma fatalidade, o decrescimento seria uma "escolha"; longe de austero, seria "convivial". O argumento dos defensores do decrescimento repousa, porém, em uma crítica truncada da lógica do crescimento econômico, referindo-se somente à questão dos recursos que sustentam esse crescimento — "em um mundo finito, não é possível crescer infinitamente" —, sem jamais tratar da outra face determinante do processo de produção: o processo de valorização. O que oblitera essa crítica são os pressupostos econômicos que fazem do crescimento uma obrigatoriedade, e que são as verdadeiras *causas* da corrida para o crescimento. Para os defensores do decrescimento, a imposição do crescimento econômico fica reduzida, fundamentalmente, à avidez pelo lucro e aos excessos do "consumismo". Uma crítica mal fundamentada deste último, culturalista ou subjetivante, apresenta o consumo em moldes simplificadores, quer como mero problema ligado à "cultura ocidental", ou como simples efeito da manipulação publicitária, ou ainda reduzido ao âmbito da responsabilidade moral, individual ou coletiva. Mais ainda, o fato de compreender a obrigatoriedade do crescimento como efeito de uma mera religião, contra a qual seria preciso promover o "a-crescimento",[97] da mesma forma que se professa o ateísmo, traz à tona o idealismo subjacente às propostas do decrescimento. Os apelos a uma frugalidade alegre, por uma "simplicidade voluntária", com o favorecimento do *slow food* [comida lenta] e dos circuitos locais da produção mercantil etc., podem apenas ensejar um *alterconsumo* no interior de

97 "Paul Ariès: 'Les crises donnent plus souvent naissance à des Hitler et des Staline qu'à des Gandhi'" [Paul Ariès: "As crises criam mais frequentemente Hitlers e Stalins do que Gandhis"], *Le Temps*, 6 abr. 2020.

uma idêntica forma de vida social capitalista. Um verdadeiro "decrescimento" da extração material destrutiva não pode, de modo algum, resultar de um simples retorno da economia à escala local; ele só será possível ao preço de uma ruptura total com a produção de mercadorias e de dinheiro, uma ruptura com a existência do e pelo trabalho, uma completa saída para "fora da economia".

Em nenhum lugar entre os altercapitalistas se encontra uma verdadeira discussão do valor, do dinheiro e do trabalho. Propõe-se reforçar o trabalho em face do capital, valorizar mais os coletores de lixo, os caixas e os funcionários de transporte de mercadorias da grande distribuição em detrimento dos *traders*; propõe-se limitar o poder das finanças, dos *lobbies* e das multinacionais... mas essas propostas não saem do quadro da economia e do trabalho, por mais reformadas que venham a ser. É assim que o bengali Muhammad Yunus, inventor do "microcrédito", volta a propor sua "empresa social" como uma "oportunidade sem precedentes".[98] O economista altermundialista Dominique Méda quer apostar na reindustrialização.[99]

O que é notável, sobretudo nos novos "empreendedores da felicidade pública", como dizia Baudelaire, é sua confiança no Estado, que parece intacta, apesar de tantas experiências: eles não apenas pedem o retorno do Estado social e do keynesianismo, como também pretendem igualmente confiar as medidas ecológicas à capacidade aumentada do Estado de se impor sobre a economia, considerada como sua inimiga natural e identificada com a classe dos capitalistas, e não com um "sujeito automático". A única melhora de fato provável

98 YUNUS, Muhammad. "La crise du coronavirus nous ouvre des horizons illimités pour tout reprendre à zero" [A crise do coronavírus nos abre horizontes ilimitados para recomeçar tudo do zero], *Le Monde*, 5 mai. 2020.

99 "Penser l'après, une chance à saisir" [Pensar o depois, uma oportunidade a aproveitar], *Le Monde*, 18 abr. 2020.

(mas não certa) é que o desmonte da saúde pública se interrompa por alguns anos. Talvez também haja um pouco mais de *green deal* [acordo verde], e, se tudo der certo, o candidato democrata às eleições dos Estados Unidos, Joe Biden, vai substituir Donald Trump e a ordem será restabelecida...

— CAPÍTULO 7 —

Será que o Estado e a economia vão largar sua presa?

O cenário mais provável continua sendo, infelizmente, a tentativa de se retomar o *business as usual*, e ainda pior do que antes. É verdade também que, por um breve momento, vimos acontecer uma sucessão de eventos que, um dia antes de sua eclosão, teriam sido inimagináveis. Do nada, a Alemanha aceitava abandonar o "pacto de estabilidade" europeu, permitindo que todos os membros da União Europeia se endividassem à vontade a fim de salvar a economia — coisa que até então teria sido considerada uma absoluta heresia pela chanceler Angela Merkel e por Wolfgang Schäuble, presidente do Bundestag, o parlamento alemão. Donald Trump, de repente, concordava em pagar auxílios estatais a quem havia perdido o emprego ou ficado doente, e em financiar cuidados de saúde gratuitos — medidas que até outro dia teriam sido condenadas como "socialismo" antiestadunidense. O premiê britânico, Boris Johnson, descobriria com a crise "que a sociedade existe", contradizendo assim sua mestra inspiradora, Margaret Thatcher, para quem, como sabemos, "a sociedade não existe". Já o jornal *Financial Times* chegou a afirmar que são os ricos que devem pagar pela reconstrução.[100] Em diversos países europeus falava-se em distribuir quantias de dinheiro "por helicóptero" para que as pessoas pudessem "consumir", ou em introduzir a renda básica universal. Os beligerantes na Síria, no Iêmen, assim como em outros lugares, declararam uma trégua. O líder do conservadorismo italiano Matteo Salvini já não dizia (quase) mais nada. Emmanuel Macron, presidente da França, afirmava que "muitas certezas, convicções, serão varridas, colocadas em xeque. Muitas coisas que acreditávamos impossíveis virão por aí". Tantas coisas que eram consideradas absolutamente impensáveis, e sobretudo incompatíveis com as leis de ferro da economia mundial (que não tolera o menor desvio), tornaram-se, de repente, possíveis. Até a crise do coronavírus, o governo francês não tinha coragem sequer de proibir o uso de pesticidas a uma distância de cinco metros dos locais de residência, com medo de incomodar alguns produtores. Após o surgimento da covid-19, de uma hora pra outra, foi capaz de pausar praticamente a economia inteira.

Mas as luzes dos "responsáveis" políticos e econômicos não duraram muito. Eles logo voltaram às mesmas reações de sempre — as boas resoluções de ano-novo geralmente

100 O *Financial Times* prontamente estabeleceu um paralelo entre a crise do novo coronavírus e a economia de guerra: "Reformas radicais — invertendo a direção política predominante nas últimas quatro décadas — deverão ser colocadas na mesa. Governos terão que aceitar um papel ativo na economia. Eles precisam ver os serviços públicos mais como investimentos do que como gastos, e buscar maneiras de fazer os mercados de trabalho menos inseguros. A redistribuição estará de novo na agenda; os privilégios dos idosos e dos ricos estão em questão. Políticas até então consideradas excêntricas, como renda básica e taxas de saúde, precisarão entrar no pacote. As medidas quebra-tabu que os governos têm tomado para manter os negócios e a arrecadação durante a quarentena são corretamente comparadas a um tipo de economia de guerra que os países ocidentais não têm experimentado há sete décadas. A analogia vai ainda mais longe". Ver "Virus lays bare the frailty of the social contract" [Vírus revela fragilidade do contrato social], *Financial Times*, 3 abr. 2020.

duram pouco. De fato, seria muita imprudência passar a confiar em políticos e economistas tão logo eles se demonstram minimamente razoáveis ou amigáveis. O lobo perde o pelo, mas não o vício. O então presidente da França, Nicolas Sarkozy, bem que declarou em algum dia de setembro de 2008, pouco antes do colapso do banco de investimentos Lehman Brothers: "Há uma certa noção de globalização que se esgota junto com o fim do capitalismo financeiro, que impôs sua lógica a toda economia e contribuiu para pervertê-la. [...] A ideia de que os mercados terão sempre razão é uma ideia louca."[101] Sabemos que nada mudou...

Merkel e Schäuble, Trump e Salvini, todos eles logo retomaram seus verdadeiros espíritos. Toda esperança colocada numa repentina sabedoria de "nossos governantes" foi duramente perdida. Enquanto continuarmos a ser governados por alguém, seguiremos caminhando para o abismo. Uma ditadura sanitária é tão ineficaz para "salvar" a saúde quanto uma eventual ditadura ecológica para "salvar" as bases naturais da vida.

Uma vez passado o pico da pandemia, assistiremos a uma luta titânica para decidir quem deverá pagar a conta. Cada categoria profissional, cada grupo social, vai se reivindicar o mais legítimo para receber as ajudas e compensações, e os recursos dos Estados não serão suficientes, mesmo que imprimam dinheiro freneticamente. Quase todos os atores econômicos estarão à beira da falência. As floriculturas e as companhias aéreas, as pequenas lojas e as grandes distribuidoras, os desempregados e os funcionários públicos: todos vão exibir suas feridas e tentar demonstrar sua utilidade. O darwinismo social poderá então gozar da situação sem precisar fingir solidariedade diante do perigo comum.

101 LAMBERT, Renaud & RIMBERT, Pierre. "Jusqu'à la prochaine fin du monde..." [Até o próximo fim do mundo...], *Le Monde diplomatique*, abr. 2020.

O marasmo econômico que está por vir não será muito propício a tornar mais ajuizada uma sociedade drogada de economia: bem mais provável é assistirmos a uma priorização total da retomada econômica, menosprezando qualquer regulamentação social ou ecológica. Já antecipando os conflitos futuros, industriais do plástico pediram o adiamento da entrada em vigor de uma lei que pretende proibir a utilização desse material uma única vez: "Isso salva vidas", dizem, com orgulho, esses industriais tão humanistas.[102] Os fanáticos do crescimento econômico deverão conseguir mobilizar parte da população a seu favor, e o espírito do curto prazo ainda pode ter longa duração. Para o chefe da associação patronal francesa Medef, Geoffroy Roux de Bézieux, "cedo ou tarde, a questão do tempo de trabalho, dos feriados e férias remuneradas, precisará ser colocada, se quisermos acompanhar a retomada econômica e facilitar, ao trabalhar um pouco mais, a criação de um crescimento suplementar". A secretária de Estado para Economia e Finanças da França, Agnès Pannier-Runacher, jovem diretora dos conselhos administrativos que recebem em torno de quinhentos mil euros ao ano, declarou, em 10 de março de 2020: "Temos hoje um sistema financeiro muito mais sólido do que aquele da crise de 2008 [...]. Antes de qualquer coisa, este é o momento de fazer bons negócios na bolsa".[103] Algumas grandes companhias e seus ideólogos já disseram estar fora de questão o fato de que as empresas que se beneficiarem de ajudas públicas devam renunciar este ano à distribuição dos dividendos a

102 "À la faveur de la crise sanitaire, le plastique à usage unique fait son retour en force" [A favor da crise sanitária, o plástico descartável retorna com força], *Le Monde*, 12 abr. 2020.

103 "'C'est le moment de faire des bonnes affaires en Bourse', selon cette secrétaire d'Etat" ["Este é o momento de fazer bons negócios na Bolsa", de acordo com esta secretária de Estado], *L'Obs*, 10 mar. 2020.

seus acionistas.[104] Não vão largar o osso! As desigualdades vão se agravar, a Amazon deverá esmagar as pequenas livrarias e outros comércios, parte da população só poderá pensar em salvar seus móveis. Na Itália, o partido de extrema direita Liga Norte novamente propôs um *condono edilizio*, quer dizer, a legalização posterior de construções ilegais mediante o pagamento de uma pequena taxa. Essa prática governamental, que tem se repetido ao longo de décadas, contribuiu fortemente para a destruição da paisagem. Mas, diante da miséria em massa, nenhuma proposta será delirante demais a ponto de não encontrar apoiadores. Haverá também reações populistas, como a volta do controle permanente de fronteiras. Segundo algumas consultas já feitas, a ampla maioria dos europeus é favorável a tal medida, e uma expressiva minoria quer um Estado abertamente autoritário.[105]

104 "Daniel Hurstel: 'Pour relever les défis, nous aurons besoin des actionnaires, alors respectons leur apport'" [Daniel Hurstel: "Para enfrentar os desafios precisaremos dos acionistas, portanto respeitem sua contribuição"], *Le Monde*, 18 abr. 2020. Do mesmo modo, diversas grandes empresas alemãs anunciaram que pagarão os dividendos previstos, ainda que seus funcionários estejam parcialmente desempregados e, portanto, sendo remunerados pelo Estado. Ver "Coronavirus: ces groupes allemands qui veulent payer des dividendes, malgré le chômage partiel" [Coronavírus: esses grupos alemães querem pagar dividendos apesar do desemprego parcial], *Le Monde*, 10 abr. 2020.

105 "Esta crise também provoca um fortalecimento de críticas ao modelo ocidental e à globalização: 65% dos entrevistados aprovam a ideia de que seu país deve 'se proteger mais do mundo', 75% acreditam que 'será necessário controlar melhor as fronteiras no futuro' e 74%, que 'é o Estado francês, e não a União Europeia, que deve controlar as fronteiras'. Esta desconfiança também se refere ao modelo econômico e ao livre-comércio: 45% dos questionados querem que 'o sistema capitalista seja completamente reformado' e 46%, que seja 'reformado em alguns pontos'. Será que a reforma consistiria em fechar as fronteiras? Além disso, 34% aprovam, na França, 'a ideia de um regime com um homem forte na liderança, que não precisa se preocupar com parlamentos ou eleições' (34%), ou um país liderado pelo Exército (16%). Porém, 81% dos entrevistados acreditam que é necessário ter 'um Executivo forte diante das crises de saúde e ambientais' e 44% pensam que é melhor 'menos

Após um primeiro momento confuso, os Estados já veem as vantagens que podem tirar da situação, especialmente da pretensa combinação entre resgate da economia e saúde pública. Em troca de um pouco de rastreamento e vigilância, poderemos escapar da alternativa entre morrer de vírus ou morrer de fome. Assim que tivermos qualquer resfriado, sairemos de casa com pulseiras eletrônicas e drones indicando o caminho. O Estado não deixará escapar as novas possibilidades de controle total, de vigilância generalizada e abolição das últimas liberdades, assim como um buldogue não solta sua presa. Desse modo, deverá se opor ainda mais a tudo aquilo que escapa à vida social. Está claro que esta crise nos levará, mesmo depois de passada sua fase mais aguda, a perdas irreversíveis de liberdades públicas e privadas, de forma mais flagrante do que fizera o terrorismo. Macron, assim como o primeiro-ministro da Hungria, Viktor Orbán, expoente da extrema direita mundial, não tardaram em colocar em votação leis para aumentar os próprios poderes. O papel do Estado deverá aumentar, portanto, no que concerne tanto à economia quanto à gestão populacional. Eis a servidão voluntária em tempos do coronavírus: a aceitação social da vigilância corre o risco de aumentar fortemente.

Também é muito provável que assistamos a um imenso desenvolvimento do âmbito virtual, ao esvaziamento da vida social, ao "distanciamento" generalizado. A sociedade capitalista, como dissemos anteriormente, se funda sobre a separação (ver capítulo 5). Da atual crise virá uma pressão ainda maior para o desenvolvimento massivo do comércio eletrônico, do trabalho remoto, do ensino remoto, da missa remota, da amizade remota, do amor remoto, do sexo remoto, enfim, de um mundo remoto. Afinal, tudo isso economiza tanto tempo

democracia e mais eficiência'." Ver "Coronavirus: la crise sanitaire exacerbe la fracture sociale et politique" [Coronavírus: a crise sanitária exacerba a fratura social e política], *Le Monde*, 18 abr. 2020.

e dinheiro… e é inclusive mais ecológico! Muitos na indústria já estão ansiosos pelo "novo normal".[106] Fica difícil ver aí perspectivas para um reflorescer da sociabilidade. No entanto, não faltam sociólogos de plantão para celebrar esse "aumento" da vida social. Ao mesmo tempo, é preciso se perguntar sobre o futuro dos trabalhadores que não têm direito ao distanciamento. Durante a crise, a habitual invisibilidade dos enfermeiros e médicos foi subitamente substituída por uma heroicização dos profissionais da saúde e de todos aqueles responsáveis pela logística e pelas cadeias de fornecimento ditas "essenciais". Esses aplausos oportunistas, que reverberaram até nos altos escalões do Estado, mascaram mal o alto grau de exposição, de excesso de trabalho e de frustração de todos aqueles que são enviados "à linha de frente" — até que caiam no esquecimento; afinal, são fundamentalmente improdutivos do ponto de vista da valorização capitalista.

De maneira mais geral, nota-se que a psicose do contágio traz consigo a apoteose do espírito da concorrência: cada um vê no outro uma ameaça mortal, alguém que, com um simples toque — ou apenas por se aproximar —, pode até mesmo lhe tirar a vida. Isso se tornou comum não só entre desconhecidos, mas também entre famílias: é melhor aumentar a guarda e se isolar inclusive dentro da própria casa. No ápice da crise, vimos a generalização de um hábito que antes encontrávamos apenas nos bairros ditos "perigosos": se alguém vem em nossa direção, mudamos de calçada. Em vez do "homem das multidões", de

106 "'Usando todas as ferramentas de que dispuser, é preciso que o Estado relance o crescimento, fazendo a França adotar uma mudança digital', disse Nicolas Colin, ensaísta e cofundador da empresa de investimentos The Family. 'Investir fortemente na telemedicina e estudar a reorganização do hospital, adaptando seus regulamentos para torná-lo compatível com o digital. E fazer o mesmo em educação, mídia, comércio, pagamentos.'" Ver ESCANDE, Philippe. "Economie de marché: la crise du coronavirus provoque le grand retour de l'Etat" [Economia de mercado: a crise do coronavírus está causando o grande retorno do Estado], *Le Monde*, 5 abr. 2020.

Edgar Allan Poe, é o "eremita em massa" que tende a triunfar, como já apontara Günther Anders (1956) a respeito dos telespectadores de televisão. Será que, diante dos desastres que nos esperam após os piores momentos da pandemia, além dos abraços, desaparecerão igualmente os últimos entraves à lógica concorrencial total? Cada um por si e Deus contra todos, e a seleção natural fará o resto. Boris Johnson teve finalmente que desistir de seu projeto de iniciar o Brexit — a saída do Reino Unido da União Europeia — com um pequeno curso de darwinismo aplicado (e não apenas social). Em outros lugares, no entanto, esse projeto não foi inteiramente abandonado: a persistente despreocupação de Jair Bolsonaro (perto de quem Trump pode até parecer razoável) será paga com a vida dos setores mais pobres da sociedade brasileira, e seu resultado não será muito distinto de uma limpeza étnico-social — a qual, aliás, não seria culpa de ninguém, mas sim daquele "Deus acima de todos", que o presidente tanto gosta de invocar.[107]

As ações do Estado poderão ser enquadradas no que chamamos de "crise de legitimidade". Como já discutimos, nada explica à primeira vista por que os Estados se precipitaram, um após o outro, em uma tal gestão da crise sanitária (ver capítulo 3). Eles poderiam muito bem, conforme os imperativos de produção, ter privilegiado outra linha de resposta, quer dizer, aquela da "imunidade de grupo", que foi a primeira adotada pela Inglaterra e pelos Estados Unidos. Esses mesmos países foram finalmente forçados a mudar de estratégia, devido à escalada da crise e à pressão internacional. A procrastinação de vários outros Estados, como a França, indica que essa primeira estratégia não havia sido formalmente excluída (e, quando escutamos pedidos para o retorno ao trabalho o mais rápido possível, sabemos que continua na mesa).

107 Essa hipótese sombria foi articulada ainda no início da crise. Ver WHITAKER, João Sette. "Heil Jair?", *A terra é redonda*, 25 mar. 2020.

A pandemia conhecida como "gripe de Hong Kong" sugere algumas comparações interessantes. Entre 1968 e 1970, essa *influenza* fez cerca de um milhão de mortos ao redor do mundo — ao que parece, em meio a uma grande indiferença social e política, segundo algumas pesquisas.[108] Já a epidemia de *influenza* A(H5N1) de 2009, a chamada "gripe aviária", semeou um pânico generalizado na comunidade internacional. Pela primeira vez em muito tempo, o cenário de uma pandemia foi levado a sério por organizações internacionais como a OMS, uma vez que as características futuras do vírus (taxas de contágio e letalidade, por exemplo) não podiam ser previstas. De qualquer forma, se a gripe de Hong Kong e as epidemias do século XXI engendraram respostas tão diferentes, não podemos nos contentar com a vaga explicação de que houve "uma mudança de mentalidade". Pode até ser que tenhamos nos tornado mais sensíveis à nossa segurança sanitária, mas tal mudança deve ser compreendida em diálogo com as transformações das relações de produção no último meio século.

A cacofonia das reações políticas à pandemia de covid-19 mostra como os governos foram *obrigados* — cedo ou tarde, parcial ou completamente, a contragosto e sempre de improviso — a tomar decisões drásticas. Mas o que, exatamente, os forçou? Traçar um paralelo entre as estratégias empregadas na pandemia de coronavírus e a evolução dos movimentos sociais nas últimas duas décadas pode ser um caminho interessante. O tom destes últimos claramente mudou. Desde os movimentos altermundialistas da virada do século, quando ainda se dizia "o mundo não é uma mercadoria", não temos mais visto esse tipo de afirmação ser reivindicada. Parece que se tornou incontestável o fato de que o mundo não passa de uma mercadoria, e assim começamos a empurrar de uns

108 BENSIMON, Corinne. "1968, la planète grippée" [1968, o planeta gripado], *Libération*, 7 dez. 2005.

para outros, sem parar, a responsabilidade pelo estado das coisas, e a identificar seus "culpados": para a direita, são os imigrantes; para a esquerda, os especuladores; para o centro, são os extremistas etc. Essas várias figuras-chave do populismo de crise transversal servem exatamente para que nada mude. Esse julgamento, no entanto, precisa ser ponderado diante das diversas resistências e projetos de autonomia inscritos num quadro de lutas permanentes. Na França, por exemplo, as Zone à Défendre [Zona a defender] (ZAD), em especial, emergiram no debate público como lugares de resistência simultânea à opressão capitalista e à repressão policial. Mas, entre aquilo que se experimenta na discrição desses locais (que permanecem invisíveis até que apareçam nas manchetes) e os movimentos sociais que objetivam uma melhor integração na social-democracia (e que desfrutam de maior visibilidade midiática), há de fato um abismo. Se nos concentramos sobre a parte visível das contestações sociais em curso, fica claro que elas vão muito além das reivindicações políticas ou setoriais que caracterizaram a maioria dos movimentos sociais desde o fim da Segunda Guerra Mundial.

Um certo tom de desespero tornou-se o principal componente dos movimentos sociais mais recentes que agitaram o planeta, em particular entre 2018 e 2019. Sabemos quão perplexos os comentaristas políticos ficaram diante dos *gilets jaunes* [coletes amarelos]. Suas reinvindicações díspares indicavam justamente algo para além das condições presentes e, ao mesmo tempo, a impossibilidade de se enunciar uma crítica à altura dessa insatisfação radical. Ainda que as conjunturas locais sejam bastante diferentes, pode-se dizer o mesmo a respeito dos diversos levantes que eclodiram um após o outro, como num rastro de pólvora, em 2019: na Argélia, no Iraque, no Irã, no Chile, no Equador, na Colômbia, na Venezuela, no Haiti, no Líbano, em Hong Kong, no Sudão... Há uma característica semelhante — que não deve mascarar os interesses e as diferenças geopolíticas — no desencadeamento dessas insurreições. Na maioria dos casos, foi uma medida governamental que afeta o custo de vida que serviu de pretexto para a irrupção de protestos violentos, e a consequente repressão estatal.[109] Em outros casos, porém, foram eleições ou indicações para cargos políticos, entendidas pela população como manutenção inaceitável da mesma corrupção e da mesma miséria de sempre, que desencadearam esses atos. Por mais esporádicas que sejam, em oposição à organização vertical da sociedade e determinadas pelas realidades regionais, essas revoltas compartilham de um mesmo desespero que oscila entre a reivindicação sobre o poder de compra e a profunda raiva, não apenas com relação aos representantes, mas também às instituições existentes. As emoções populares levaram a sério medidas aparentemente insignificantes, como o preço do combustível ou da tarifa do transporte, pois estas traduzem a degradação das condições de existência objetivas. Tal degradação é altamente paradoxal num mundo que desaba sob a forma mercadoria, e cujas contradições fundamentais permanecem desconhecidas pela consciência de crise. Não é possível se desfazer assim tão facilmente da fascinação fetichista por uma riqueza que parece se acumular diante dos nossos olhos num ritmo demente (sempre mais carros, sempre mais objetos, sempre mais conexões... e o que falar sobre os bilhões de dólares que agora aparecem do nada?), ao mesmo tempo que perdemos o chão, e o futuro parece estar cada dia mais interditado. Cidadãos de regimes despóticos, assim como de democracias liberais, agora compartilham do mesmo ressentimento instintivo contra a representação política, percebida como algo que fracassou diante de uma promessa de natureza religiosa (ligada subjetivamente a um "sentido da vida" num mundo que se tornou invivível), mas que, todavia, ainda parece

109 De modo análogo ao que já havia ocorrido na onda de protestos de 2013, na Turquia (por conta da destruição de um parque) e no Brasil (por conta do aumento da passagem de ônibus).

encarregada de resolver a crise de forma heterônoma — isto é, através das figuras contingentes do poder.

Em paralelo a esses movimentos sociais, os chamados movimentos climáticos rapidamente ganharam visibilidade internacional, pautados pela urgência e pela compreensão de riscos que até então pareciam difusos, ou que foram por muito tempo motivos de dúvida, mas que têm se mostrado cada vez mais irrefutáveis. Até o primeiro-ministro francês, Édouard Philippe, já se disse obcecado pela colapsologia, e mesmo Emmanuel Macron, após a publicação de um relatório de especialistas em biodiversidade em 2019, declarou que, "pela primeira vez, são demonstrados, no mais alto nível científico, fatos cruéis para todos e que nos pedem ação. O que está em jogo é a própria possibilidade de termos uma Terra habitável".[110] Isso certamente não quer dizer que as elites tenham de repente decidido sair do capitalismo. Longe disso. A questão é que parte da mensagem atravessou as barreiras imunológicas da vida política, sob a forma doentia de um fascínio impotente pelo colapso. Deixando de lado a arrogância ímpar necessária para afirmar que os fatos haviam sido demonstrados "pela primeira vez no mais alto nível científico" — frase que joga no lixo os inúmeros relatórios e alertas precedentes —, fica em todo caso patente que tem se tornado cada vez mais impossível ignorar as evidências. É exatamente por isso que a discussão sobre a "verdade" exigida do governo (por grupos como Extinction Rebellion [Rebelião da extinção])[111] ou a "verdade" dita pela voz de uma

110 "Gaspillage, espaces protégés... quelles sont les annonces de Macron pour la biodiversité?" [Resíduos, áreas protegidas... quais são os anúncios de Macron sobre biodiversidade?], *Libération*, 6 mai. 2019.

111 Movimento criado no Reino Unido em 2018 com o objetivo de promover ações de desobediência e resistência civil não violenta como protesto contra o colapso climático. [N.E.]

criança (por militantes como Greta Thunberg),[112] assim como a crescente importância concedida às palavras dos cientistas, são temas centrais na gestão das crises atuais. Inclusive a eleição de uma corja de negacionistas ao redor do mundo diz algo sobre uma realidade que começa a brilhar aos olhos — caso contrário, o esforço de negá-la não seria necessário.

A raiva e a sensação de ter sido enganado não param de crescer e de tomar proporções imponderáveis, que vão dos panelaços ao voto populista, passando pela persistente demanda infantil por uma autoridade política que finalmente tomaria boas decisões. O terreno social é propício à erupção de um levante global incontrolável. Há um sentimento de urgência e "saco cheio" que tomou o mundo inteiro; algo já não vai bem, mas esse algo não tem nome e, *na ausência de uma teoria elaborada da crise*, tende a assumir as formas visíveis da reprodução fetichista do capital. Nesse contexto, a pandemia de covid-19 ocupa um lugar de fato singular que não se parece com nenhum outro momento da história. A pandemia dá um golpe de misericórdia nos sistemas de saúde que passaram as últimas décadas de neoliberalismo sofrendo cortes assombrosos — décadas estas que também vieram cheias de anúncios grandiloquentes sobre a biotecnologia, que querem nos fazer crer que, se apenas a deixarmos funcionar, ela se encarregará de curar todas as doenças e, quem sabe, até acabar com a morte. A distância entre tais promessas de natureza religiosa e a triste realidade dos meios hospitalares faz parte da confusão perene a respeito dos benefícios reais do capitalismo. Tal promessa poderia ser resumida pela tradicional plaquinha de boteco: "Fiado, só amanhã".

Uma crise da magnitude da pandemia de covid-19 se apresenta, então, como um teste de sobrevivência para os Estados,

112 Ativista ambiental sueca nascida em 2003 que ganhou notoriedade internacional após convocar uma greve da juventude pelo clima, em 2018. [N.E.]

cuja suposta soberania e confiança insistentemente declarada no investimento e na inovação estão sendo por todos os lados desgastadas. Daí o díptico "crise de representação", de um lado, e "normalização do estado de exceção", de outro, assim como a concorrência sempre mais agressiva, de um lado, e os chamados desesperados ao protecionismo e à regulamentação, de outro. À primeira vista, os Estados parecem ter recuperado seu esplendor, com todos os seus atributos forjados ao longo do período moderno — notadamente, nas fases de modernização retardatária, economia de guerra e Estado de bem-estar keynesiano fordista —, cuja lâmina havia perdido o fio na fase neoliberal. O contrato social do Estado "hobbesiano", que troca liberdade por segurança, parece estar de volta. Mas, ao mesmo tempo, a crise da covid-19 é a crise processual dos Estados incapazes de antecipar situações, incapazes de reagir a tempo, incapazes de garantir uma cadeia logística sanitária de base. Sua reação desordenada e contraditória durante a pandemia deve ser interpretada sobre o pano de fundo de um salve-se-quem-puder internacional. O dilema estatal que se apresenta em todos os níveis — o de escolher entre a salvação da economia ou das vidas humanas — pode ser visto como uma entrada em cena pomposa, elevada à tragédia grega, da questão que agitava a França desde o fim de 2018 ("Fim do mundo ou fim do mês?"),[113] e que está implícita em todos os movimentos recentes. Os bilhões injetados na economia não são destinados a salvar vidas, mas a reiniciar uma máquina econômica que se encontra profundamente "gripada". Não

113 Contradição latente no movimento dos *gilets jaunes*, que eclodiu na França no final de 2018. Ao taxar combustíveis com supostas intenções ecológicas, o governo levou ao encarecimento do custo de vida e à revolta de parte da população. Uma das afirmações lapidares associadas ao movimento foi a de que, "enquanto as elites se preocupam com o fim do mundo, nós nos preocupamos com o final do mês". Ver "Les élites parlent de fin du monde, quand nous, on parle de fin du mois", *Le Monde*, 24 nov. 2018.

obstante, a maneira como as medidas são apresentadas pode ao menos dar a impressão de que elas são mesmo voltadas à população, que servem para ajudar as pessoas, individualmente, e que, em algum lugar, ainda há alguém que se preocupa com o próximo. É a credibilidade do poder político que está em jogo neste momento. Pode ser que a crise fundamental do capitalismo esteja mesmo tão avançada que seja absolutamente necessário um grande pseudonúmero de resgates universais, permitindo que os problemas sem solução sejam esquecidos temporariamente e que as forças sociais sejam conjuntamente colocadas contra a parede. O vírus tem algo de providencial num mundo já irremediavelmente em crise. Ele justifica uma retórica de guerra que deve reconciliar cada nação em torno de um esforço comum. "Gripe espanhola" (1918-1920), "gripe asiática" (1957), "gripe de Hong Kong" (1968-1970): podemos observar como as epidemias costumam ser prontamente enfeitadas com epítetos nacionais tão logo se tornam pandemias. Isso foi quase evitado nesta, batizada friamente de covid-19 (acrônimo do inglês *coronavirus disease 2019*, ou doença do coronavírus 2019), não fossem as brigas grotescas que se deram entre os Estados Unidos e a China a respeito da origem do micro-organismo. Em um mundo globalizado, um vírus que atravessa fronteiras continua marcado com a sua suposta origem nacional.

A covid-19 nos oferece uma realidade identificável com a ameaça de catástrofe indescritível latente por toda parte, pois não há como negar que o mundo já estava há muito tempo "em guerra" contra outro "inimigo invisível". O vírus de repente autoriza o fechamento das fronteiras por ótimas razões. Permite também enviar os manifestantes do mundo inteiro para casa. Ele justifica o reforço de todas as medidas de exceção e da sociedade de controle que já são parte do programa de salvação do capitalismo (em nome, é claro, da salvação da vida humana). Nesse abismo de responsabilidade que caracteriza o "sujeito autômato", o vírus teria tudo para ser seu *deus ex machina*, não fosse o fato de que ele realmente piora as coisas. Aliás, há meses que só se fala nele...

Não devemos nos enganar, os Estados ficaram desorientados com o coronavírus, ainda mais porque a conjuntura subjacente já é a de uma desaceleração da economia global: presos entre o martelo e a bigorna, os Estados não podem nem sacrificar vidas em plena luz do dia, arriscando perder seus últimos resquícios de credibilidade, nem salvar vidas respeitando o tempo da pandemia e seu custo econômico, o que implicaria jogar toda a população mundial no precipício do superendividamento. Esse dilema é o que caracteriza fundamentalmente a administração de crise neoliberal. As respostas políticas para a crise sanitária que apareceram nos últimos tempos constituem, elevadas à décima potência, uma negociação impossível e desesperada entre esses dois termos, mas sabemos que o resultado será ruim de qualquer jeito.

Em tal contexto, não é necessária uma teoria da conspiração para se afirmar o caráter "contrainsurgente" das medidas de controle populacional.[114] Os Estados sabem que serão confrontados, de maneira crescente, por oposições que poderão não mais tomar a forma do movimento revolucionário embasado em um contramodelo de sociedade, mas que frequentemente terão a forma de uma simples desagregação social, uma anomia ingovernável, que não necessariamente visa a algo melhor, e que mesmo assim pode ser muito difícil de ser vencida. Se a pandemia não pôde ser antecipada, resta claro, porém, que os Estados já tinham estratégias prontas para tirar proveito de um período de instabilidades.

114 Ver SANGUINETTI, Gianfranco. "Le Despotisme Occidental" [O despotismo ocidental], *Médiapart*, 15 abr. 2020; e COLETIVO CHUANG. *Contágio social: coronavírus e a luta de classes microbiológica na China*. São Paulo: Veneta, 2020.

Epílogo

Vais levar-me, avalanche,
em tua queda abrupta?
— Charles Baudelaire

Os adversários da sociedade mercantil poderiam estar contentes com essa queda da casa de Usher[115] que sempre desejaram, até mesmo previram. No entanto, não se trata aqui de uma "saída da economia" feita de maneira ordenada e deliberada, mas seu colapso. E quase todos nós corremos o risco de ser soterrados sob seus escombros — "quase todos", pois uma minoria cada vez menor tentará dar continuidade à economia à custa de uma imensa maioria. É o sentimento ambíguo de ver a prisão onde estamos encarcerados pegar fogo, sem saber se os portões serão abertos. A economia não é apenas o lucro das grandes empresas: são também os suprimentos vitais que dependem da máquina econômica. Somos todos reféns da economia mercantil, e a reação característica costuma consistir em uma "síndrome de Estocolmo".

Será que haverá uma polarização crescente na sociedade, entre os mais "razoáveis", que querem aproveitar a situação para puxar o freio de emergência, e os partidários da economia a todo vapor? Ou, dito de outro modo: será que vamos assistir a um despertar da consciência? E tal despertar, caso surja, irá

115 Referência ao conto "A queda da casa de Usher", de Edgar Allan Poe, publicado em 1839. [N.E.]

se traduzir em práticas concretas, ou permanecerá uma "consciência infeliz", como quando o sujeito contemporâneo, para garantir sua sobrevivência econômica e prática imediata, faz aquilo que já sabe que agravará o desastre? Ou será, ainda, que as "exigências" da recuperação econômica sufocarão qualquer espírito crítico?

Apesar de tudo, temos ainda algumas razões para ter esperança. A diminuição das atividades poluentes, ainda que parcial e por apenas algumas semanas, reduziu significativamente as emissões de gases nocivos à saúde e ao planeta. As águas dos canais de Veneza e da baía de Nápoles ficaram límpidas, e alces passearam por outras cidades italianas. Cangurus saltaram por ruas e calçadas na Austrália. O ar ficou de repente respirável em grandes metrópoles que antes sufocavam, e o barulho praticamente desapareceu.[116] Na Índia, pela primeira vez em décadas, se pôde contemplar os picos do Himalaia a centenas de quilômetros de distância. Foi com alegria que vimos, por todos os lados, canteiros de obras fechados. Mesmo que por um breve momento, vislumbramos um mundo diferente. Será que esse mundo pode durar? Haverá outra saída que não a de redobrar a loucura, para recuperar o tempo "perdido"?

Raras foram as vezes que a humanidade se viu a tal ponto como Hércules na encruzilhada.[117] Há uma saída possível, mas ela é muito estreita. Que uma tão breve trégua na guerra permanente contra a natureza já tenha provocado melhorias sensíveis, isso deveria servir de grande incentivo para um

116 Marshall Burke, professor de ciência dos ecossistemas na Universidade de Stanford, apontou este paradoxo: "A redução da poluição do ar causada pela epidemia de covid-19 na China sem dúvida salvou vinte vezes o número de vidas perdidas devido à doença. A questão não é concluir que as pandemias são benéficas, mas medir quão ruins para a saúde são nossos sistemas econômicos. Mesmo na ausência de coronavírus". Ver LAMBERT & RIMBERT, *op. cit.*
117 Referência à escolha que, de acordo com a mitologia greco-romana, o herói Hércules teve que fazer entre o vício e a virtude. [N.E.]

esforço coletivo — que, no entanto, não pode ficar só na limitação do consumo, ou na recusa da busca pelo lucro como se fosse uma questão moral. É preciso encarar a dimensão fetichista da sociedade capitalista, compreender sua determinação por relações sociais objetivadas que vão além das aparentes intenções subjetivas:

> Uma crítica radical e coerente do fetichismo precisaria denunciar como aparência a própria subjetividade empírica, isto é, seria obrigada a dissolver as finalidades, a vontade e o agir subjetivo dos seres humanos produtores de mercadoria em sua verdadeira privação de sujeito, como mera execução de uma forma fetichista pressuposta a todos os sujeitos. Não para se subordinar ao "sujeito automático", mas a fim de conseguir apanhá-lo como tal e superá-lo. (Kurz, 2010, p. 227-8)

A subordinação de toda a produção, de toda a vida social, à finalidade em si tautológica da multiplicação do dinheiro através do uso de trabalho segue sendo o alfa e o ômega de tudo que estamos vivendo. Libertar-se do sujeito automático é cada vez mais uma questão de vida ou morte — mesmo que seu resultado pareça incerto.

Referências

ALENCASTRO, Luiz Felipe de. *O trato dos viventes: formação do Brasil no Atlântico Sul (séculos XVI e XVII)*. São Paulo: Companhia das Letras, 2000.

ANDERS, Günther. *Die Antiquiertheit des Menschen*. Munique: C. H. Beck, 1956.

CHOMBART DE LAUWE, Paul-Henry. *Paris et l'agglomération parisienne*. Paris: PUF, 1952.

DEBORD, Guy. *A sociedade do espetáculo*. Rio de Janeiro: Contraponto, 2007.

JAPPE, Anselm. *La société autophage*. Paris: La Découverte, 2017. [Ed. bras.: *A sociedade autofágica*. São Paulo: Elefante (no prelo)].

KURZ, Robert. *Dinheiro sem valor: linhas gerais para uma transformação da crítica da economia política*. Lisboa: Antígona, 2014.

KURZ, Robert. "Dominação sem sujeito", em *Razão sangrenta: ensaio sobre a crítica emancipatória da modernidade capitalista e de seus valores ocidentais*. São Paulo: Hedra, 2010.

KURZ, Robert. *Impérialisme d'exclusion et état d'exception*. Paris: Divergences, 2018.

KURZ, Robert. *O colapso da modernização: da derrocada do socialismo de caserna à crise da economia mundial*. Rio de Janeiro: Paz e Terra, 1992.

MARCUSE, Hebert. *O homem unidimensional: estudos da ideologia da sociedade industrial avançada*. São Paulo: Edipro, 2015.

MARX, Karl. *Crítica do programa de Gotha*. São Paulo: Boitempo, 2012.

MARX, Karl. *Grundrisse: manuscritos econômicos de 1857-1858: esboços da crítica da economia política*. São Paulo: Boitempo, 2011.

MARX, Karl. *Sobre a questão judaica*. São Paulo: Boitempo, 2010.

MARX, Karl & ENGELS, Friedrich. *Manifesto comunista*. São Paulo: Boitempo, 1998.

PÉPIN, Jacques. *Aux origines du Sida: Enquête sur les racines coloniales d'une pandémie*. Paris: Seuil, 2019.

SCHOLZ, Roswitha. *Le Sexe du capitalisme. "Masculinité" et "féminité" comme piliers du patriarcat producteur de marchandises*. Albi: Crise & Critique, 2019.

Sobre os autores

ANSELM JAPPE é professor da Academia de Belas Artes de Sassari e professor convidado do Collège International de Philosophie de Paris. É um dos principais teóricos da crítica do valor, autor de, entre outros, *As aventuras da mercadoria* (Antígona, 2006) e *Crédito à morte* (Hedra, 2013). Seu último livro, *A sociedade autofágica*, sairá em breve pela Elefante.

SANDRINE AUMERCIER é psicanalista, membro da Psychoanalytische-Bibliothek de Berlim, e cofundadora da revista *Junktim*. É autora do livro *Tous écoresponsables? Capitalisme vert et responsabilité inconsciente* (Libre & Solidaire, 2019).

CLÉMENT HOMS é um dos fundadores da associação Crise et Critique, grupo francês ligado à crítica do valor, editor do site *Palim Psao* e da revista *Jaggernaut*. É coautor de *La misère de la politique: l'autonomie contre l'illusion électorale* (Divergences, 2017).

GABRIEL ZACARIAS é professor da Universidade Estadual de Campinas (Unicamp) e pesquisador visitante da Universidade de Yale. É autor de *No espelho do terror: jihad e espetáculo* (Elefante, 2018) e coautor de *The Situationist International: A Critical Handbook* (Pluto, 2020).

COLEÇÃO

— CRISE & CRÍTICA —

Crise econômica, crise ecológica, crise da democracia, crise sanitária, crise da representação, crise do patriarcado, crise do sujeito… Em todas as partes do globo unificado pelo capitalismo, as sociedades sobrevivem em meio a uma imensa acumulação de crises. A coleção Crise & Crítica, publicada pela Editora Elefante, com curadoria de Gabriel Zacarias, apresenta reflexões críticas para a época do capitalismo de crise.

PRÓXIMO TÍTULO:

A sociedade autofágica, Anselm Jappe

Primeira edição, agosto de 2020
São Paulo, Brasil

Dados Internacionais de Catalogação na Publicação (CIP)
Angélica Ilacqua CRB-8/7057

Capitalismo em quarentena: notas sobre a crise global /
Anselm Jappe *et al.*; tradução de João Gaspar *et al.*.
São Paulo: Elefante, 2020.
(Crise e crítica)

ISBN 978-65-87235-15-8

1. Capitalismo 2. Crise econômica mundial 3. Pandemia -
Aspectos econômicos 4. Coronavírus - Crise econômica
I. Jappe, Anselm II. Gaspar, João

20-2650 CDD 330.122

Índices para catálogo sistemático:
1. Capitalismo: Crise econômica

EDITORA ELEFANTE
editoraelefante.com.br
editoraelefante@gmail.com
fb.com/editoraelefante
@editoraelefante

Capitalismo em quarentena terminou-se de produzir e imprimir em meio aos efeitos da pandemia do novo coronavírus (Sars-CoV-2), causador da covid-19. Até a data de envio dos arquivos para a gráfica, já haviam, em todo o planeta, pelo menos dezessete milhões de pessoas infectadas — entre as quais 2,5 milhões no Brasil — e 668 mil vítimas fatais da doença — noventa mil no país.

FONTES Feijoa, Silva & Wedding Gothic ATF
PAPEL Lux Cream 80g/m² & Supremo 300g/m²
IMPRESSÃO BMF Gráfica
TIRAGEM 2.000 exemplares